DU
BOSPHORE AU JOURDAIN

Société de Saint-Augustin
Lille, Bruges

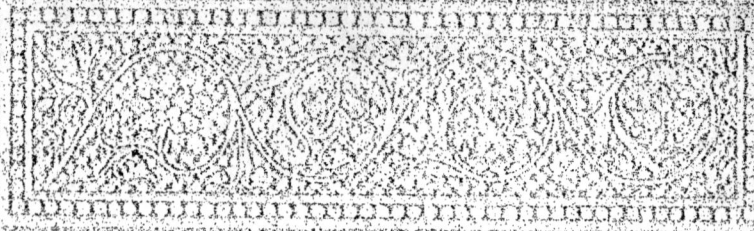

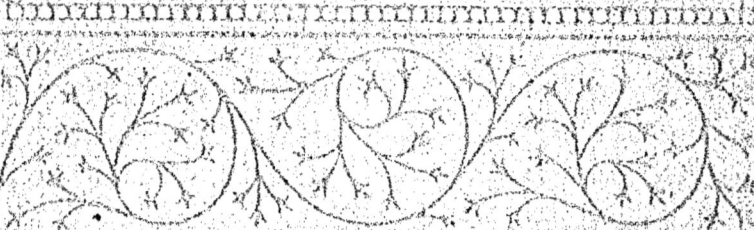

Société de Saint-Augustin,
Lille, Bruges

DU

BOSPHORE AU JOURDAIN.

DU

BOSPHORE AU JOURDAIN

Souvenirs d'un Pèlerinage de vacances

PAR

le R. P. VICTOR BAUDOT, de la Compagnie de Jésus.

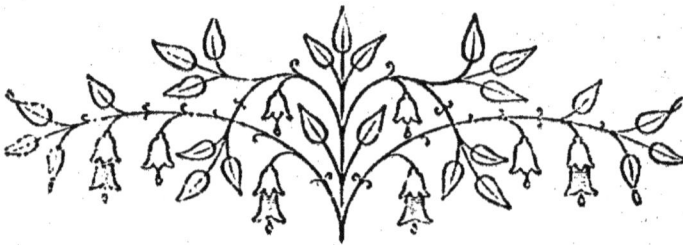

Société de Saint-Augustin,
Lille, Bruges.

DU
BOSPHORE AU JOURDAIN.

Souvenirs d'un Pèlerinage de vacances.

'EST le mercredi 18 juillet 1883 que je quittais Constantinople, confiant ma voile au souffle de la Providence et ma fortune au « Donnaï », bateau des Messageries Maritimes.

Depuis près d'un mois, le choléra faisait d'affreux ravages en Égypte ; la panique se répandait de proche en proche dans tout l'Orient ; la ville des Sultans semblait littéralement affolée. Grande fut donc l'inquiétude de mes amis lorsque je leur annonçai mon voyage de Jérusalem ; et au moment du départ, plus d'une âme compatissante s'émut, plus d'un regard de commisération muette s'abaissa sur le jeune téméraire assez abandonné des dieux pour courir de lui-même au-devant du fléau. Était-ce vraiment imprudence de ma part que d'entreprendre à cette époque un pareil voyage ? Non. J'avais consulté et prié, je m'étais exactement renseigné, toutes mes précautions étaient prises ; et une fois mes précautions prises, je m'étais dit : DIEU le veut !... DIEU le voulait. L'événement l'a prouvé d'une façon presque miraculeuse, et c'est surtout pour mettre en relief ce côté providentiel de mon pèlerinage que j'esquisse à grands traits ce rapide récit.

I. — En vue du Taurus et du Liban.

DONC le 18 juillet de l'an de grâce 1883, vers six heures du soir, j'étais à bord du « Donnaï, » contemplant une fois encore le magique spectacle que j'ai décrit ailleurs : la Corne d'Or aux dernières heures du jour (1). Un secret pressentiment m'avertissait que je ne reverrais plus ces beaux lieux. Pendant quelques instants, je laissai mes yeux errer sur les merveilles qui m'entouraient, et mon cœur murmurer, comme une plainte, son suprême *Vale*. Adieu, vénérable coupole d'Aya Sophia ! adieu, mosquées impériales ! adieu, tours et remparts de Stamboul ! Et vous, collines de Péra et de Galata, sites ravissants du Bosphore, rive d'Europe et rive d'Asie, Scutari aux maisons peintes, Chalcédoine aux graves souvenirs, îles des Princes, majestueux Olympe, fleur des mers et roi des monts, Constantinople, adieu ! (2)

J'eus vite fait connaissance avec mes compagnons de cabine : un archimandrite grec, qui retournait dans son couvent du Liban, et un frère arménien des Écoles chrétiennes, qui se rendait de Trébizonde à Alep. « Vous serez avec un évêque, » m'avaient dit les gens du bord. Au fait, l'archimandrite portait sur sa robe noire une magnifique ceinture de soie verte, digne des plus hautes prélatures. Que signifiait au juste cette ceinture ? De quelle dignité spéciale était-elle l'insigne ? C'est ce que je n'ai jamais pu savoir.

L'heure du départ a sonné : le « Donnaï » doit nous conduire jusqu'à Smyrne ; là, nous trouverons le bateau qui fait la correspondance de Syrie. On hisse le pavillon, le treuil gronde, les amarres glissent, la machine gémit, le navire s'ébranle. Les

---

1. Pour Constantinople, la plaine de Troie, Lesbos, Smyrne et Chio, voir mon récit « Les îles de Marbre. » Bruxelles, Vromant, 1887.
2. L'Olympe de Bithynie, qui ferme au sud l'horizon de Constantinople : 2000 mètres.
Les îles des Princes, dont la principale est Prinkipo, sont situées dans la mer de Marmara, à l'est de Stamboul.

premiers pas du géant qui s'éveille sont incertains comme ceux d'un enfant. Mais patience ! laissez-le secouer sa torpeur, laissez-le affermir son allure, et bientôt ce beau marcheur, ce joûteur hors de pair, tracera sur les flots son sillon écumant avec une aisance et une vigueur sans pareilles.

Quelques heures à peine se sont écoulées, et nous voici aux Dardanelles. Le jour a paru ; la plus grande animation règne dans le port de l'ancienne Abydos ; de grosses barques chargées de poteries finement moulées entourent notre bateau. Ce sont surtout ces vases de terre poreuse, connus sous le nom de gargoulettes, que les voyageurs au pays du soleil aiment à se procurer ici (1). Appuyé au bastingage, je regarde avec indifférence vendeurs et chalands ; je sais que la glacière du bord saura, mieux que ces gargoulettes, nous rafraîchir pendant la traversée.

Tout à coup le pont s'anime. Un personnage officiel, suivi de ses gens, vient de gravir l'échelle et s'avance vers un groupe de passagers que je n'avais pas encore remarqué. Il s'arrête à quelques pas de ce groupe, en tête duquel se détache un homme de haute stature, et commence toute une série de salamaleks, les plus compliqués et les plus solennels qui se puissent voir. S'inclinant presque jusqu'à terre, il fait mine de ramasser une poignée de poussière de la main droite, qu'il porte ensuite sur son cœur, sur sa bouche, sur son front (2). Sans se lasser, il répète plusieurs fois ce profond salut avec des marques toujours plus vives de joie et de respect. Quel était ce mystère ? Je vais aux informations, et j'apprends que nous avons l'honneur de posséder à bord un des plus hauts fonctionnaires de l'Empire Ottoman, le nouveau Vali, c'est-à-dire le nouveau gouverneur de Smyrne, Son excellence Nachid-Pacha.

Dès lors tout s'expliquait. Ce visiteur empressé n'était

---

1. Dans ces vases exposés à un courant d'air, l'eau devient délicieusement fraiche.

2. Ce salut oriental nous explique peut-être l'origine du signe de croix primitif, conservé à l'Évangile de la Messe.

Église de Sainte-Sophie à Constantinople.

autre que le Caïmakan, ou préfet des Dardanelles, qui venait rendre hommage au Vali. Celui-ci fut bienveillant et presque familier. Si vous voulez avoir quelque idée de sa personne, figurez-vous un homme d'aspect parfaitement débonnaire, d'allures on ne peut plus paternes, vêtu à l'européenne, sauf le fez ou calotte de feutre rouge et emmitouflé dans un confortable pardessus de coupe absolument bourgeoise. La première impression, on le voit, n'est rien moins que terrible. Toutefois il ne faudrait pas trop se fier aux apparences. Regardez d'un peu plus près ce personnage à tête grisonnante : son nez crochu, surmonté de lunettes à branches d'or, et surtout ses yeux inquiets, vous diront assez qu'en dépouillant sa défroque orientale, il n'a point si facilement dépouillé le vieux Turc.

Quoi qu'il en soit, le Pacha nous parut être un homme profondément religieux. Cinq fois, pendant ce jour de traversée, à l'heure des cinq namaz ou prières (1), on lui apporta son tapis sur le pont, et lui aussitôt de s'orienter vers la Mecque, et de commencer ses prostrations qu'il exécutait avec une prestesse et une rapidité surprenantes. De temps à autre il s'arrêtait : assis sur ses talons, les deux mains sur les genoux, les yeux grands ouverts et perdus dans le vide, il contemplait... quoi? je n'en sais rien, peut-être,

> aux bornes de la terre,
> L'ange Azraël debout sur le pont de l'enfer (2).

Sa dévotion exubérante ne l'empêcha pourtant pas de bien boire, de bien manger et de beaucoup fumer, quoique nous fussions en plein Ramadan (3). Quel contraste entre l'abondance dans laquelle vivait cette ombre d'Allah malgré les pré-

---

1. Voici l'heure et le nom arabe des cinq prières du dévot musulman : l'aurore, el fagr ; midi, ez zohr ; trois heures, el asr ; coucher du soleil, el maghreb ; une heures et demie après le coucher du soleil, el âcha.

2. V. Hugo, *Orientales.*

3. Il est défendu aux musulmans, pendant leur mois de jeûne appelé Ramadan, de manger même une miette de pain, de boire même une goutte d'eau, de fumer même la plus mince cigarette, depuis le moment où l'on peut distinguer un fil blanc d'un fil noir jusqu'au coucher du soleil.

ceptes du jeûne, et la détresse des trois cents soldats qui, l'an-
née précédente, avaient fait avec nous la même traversée !

Comme pour me rappeler plus vivement ce souvenir, au
moment où nous allions quitter les Dardanelles, une barque nous accoste portant cette fois encore des soldats, mais
si défaits, si livides, qu'en les voyant la pensée du choléra
vient à tout le monde. Après quelques pourparlers avec leur
officier, et sans doute sous l'empire de la crainte commune,
le commandant du « Donnaï » refuse net de les prendre.
C'étaient probablement de pauvres convalescents en congé,
retournant au pays. On n'entendit pas un murmure ; ceux
qui s'étaient déjà levés se rassirent tristement dans leur canot,
et tous s'éloignèrent avec ce calme stoïque, cette inaltérable
patience qui caractérise les vrais disciples du Coran.

Quelques instants après, nous avions repris notre course
vers Smyrne. Bientôt s'ouvrirent devant nous les radieux
horizons de la mer Égée. Je vous laisse à penser quelle fut
ma joie de revoir la plaine de Troie et les cimes de l'Ida ;
mais cette fois, voyageant en pèlerin, je fis aux souvenirs religieux une plus large part. Au lieu des ombres d'Hector et
d'Achille, j'évoquais la grande figure de S. Paul, parti de ces
beaux lieux pour nous apporter l'Évangile, et mes yeux, le
long de cette rive fameuse, cherchaient surtout les deux
cités apostoliques mentionnées dans les Actes : Troas et
Assos.

Troas, appelée par les Turcs Eski-Stamboul (le vieux Stamboul), étale ses ruines imposantes sur un coteau qui s'incline
vers la mer, en face de la pointe sud-est de l'île de Ténédos.
Est-ce là l'ancienne Troie ? Quelques-uns l'ont pensé ; Virgile certainement l'a cru : *Est in conspectu Tenedos* (1). L'antique enceinte de la ville, facilement reconnaissable aux aras-
ments de ses remparts, forme un vaste rectangle, au milieu
duquel les arcades des Thermes d'Hérode Atticus sont encore

---

1. Notons que Virgile ne fit son voyage de Grèce qu'après avoir écrit l'Énéide.
Aussi, s'apercevant trop tard des erreurs topographiques et des lacunes de ce chef-
-d'œuvre, voulut-il au retour brûler son manuscrit.

debout. Des colonnes de granit couchées à travers les broussailles, des pans de murailles massifs, indestructibles, les gra-
dins d'un théâtre taillés dans la colline et couverts de gazon,
une trentaine de piliers, dernier vestige de l'aqueduc qui ap-
portait aux habitants les eaux du Scamandre, quelques sar-
cophages épars au milieu d'un petit bois de chênes, tous ces
débris témoignent de l'importance qu'eut autrefois cette cité
morte. Deux bassins complètement ensablés et séparés l'un
de l'autre par une jetée ruineuse, marquent la place de l'ancien port. Chrétiens, recueillez-vous !... c'est ici que saint
Paul s'embarqua pour la Grèce lors de son premier voyage
en Europe ; c'est ici que se décida ce voyage qui changea la
face du monde. On sait dans quelles circonstances.

L'an 49 de J.-C., douze ans après sa conversion sur le chemin de Damas, le grand Apôtre se trouvait à Troas, hésitant,
incertain, ne sachant où porter ses pas. La route du nord lui
était fermée (1) ; le sud avait déjà entendu sa parole ; les flots
bleus de la mer Égée lui offraient à l'ouest une barrière, ce
semble, infranchissable. Cependant quelques promenades sur
les quais du port de Troas eurent bientôt fait germer dans
son esprit des desseins dignes de son grand cœur. Il voyait là
de nombreux navires appareillant chaque jour pour la Grèce
septentrionale: c'était le chemin de l'Europe, c'était un monde
nouveau à conquérir qui s'ouvrait devant lui. Mais quoi !
quitter l'Asie où il avait déjà fondé tant d'Églises, se lancer
dans l'inconnu, le pouvait-il sans compromettre l'œuvre commencée ? Un soir, épuisé de fatigue, dévoré d'angoisses, il
s'endort sur sa natte de roseaux, au bord de cette mer fameuse si souvent chantée par Homère.

Tout à coup, pendant son sommeil, il voit en songe, debout
près de sa couche, un Macédonien suppliant : « Paul, lui dit
la vision, de grâce, viens en Macédoine, viens à notre secours,
transiens in Macedoniam, adjuva nos (2). » Aussitôt toute
hésitation cesse. L'Apôtre se lève ; il monte sur le premier

1. *Actes*, XVI, 7.
2. *Ibid.*, 8 et sqq.

ñavire qu'il rencontre, longe les rives de Ténédos, tourne
l'île d'Imbros, et le soir même arrive à Samothrace. Le lendemain, il débarquait dans la rade de Néapolis, aujourd'hui
Kavala(1), et quelques heures après faisait son entrée dans la
ville grecque de Philippes. La conquête chrétienne de l'Europe était commencée.

Depuis lors Paul revint souvent à Troas. Cette ville était
son port d'attache entre l'Europe et l'Asie. Il y trouvait l'hospitalité dans une famille grecque, aussi riche que religieuse,
à en juger par la maison qu'elle occupait et qui n'avait pas
moins de trois étages (2). Le chef de cette famille s'appelait

Ruines de Troas.

Karpos. C'est d'une fenê-
tre de sa maison que tom-
ba le jeune Eutychus, res-
suscité par l'Apôtre ; et
c'est entre ses mains que
Paul laissa plus tard le
manteau et les écrits qu'il
prie Timothée de lui rap-
porter à Rome (3).

Nous savons par le livre
des Actes qu'au retour
de son second voyage de
Grèce, après avoir séjour

né une semaine entière à Troas, Paul, laissant le navire qui
l'avait amené doubler seul le cap Baba (4), s'achemina par
terre, le bâton à la main, vers la ville d'Assos. Il est intéressant de constater que dans cette course pédestre l'Apôtre
dut traverser la chaîne entière de l'Ida. Assos, en effet, est
assise sur le revers méridional de cette chaîne, au bord du
golfe d'Adramyte. Vue de la mer au moment où notre bateau glisse entre la pointe nord de Mitylène et le golfe, elle
présente un aspect saisissant. L'enceinte fortifiée paraît bien

1. Patrie de Méhémet-Ali.
2. *Actes*, XX, 9.
3. II *Tim.*, IV, 13.
4. L'ancien cap Lectum, au sud-ouest de la Troade. Cf. *Actes*, XX, 13.

conservée. C'était une ceinture d'épaisses murailles flanquées
de hautes tours ; des rochers escarpés complétaient ce système de défense, et la citadelle, fièrement plantée sur le
sommet de la montagne, défia plus d'une fois des armées
entières.

Assos était une cité de type essentiellement grec : temples,
bains et théâtres, ouvrages militaires, tout porte le cachet de
cette race aristocratique et fastueuse. Une voie romaine la
reliait à Troas, dont elle n'est éloignée que de vingt milles
environ. Paul suivit cette voie, arriva de bonne heure à Assos,
où il prêcha et s'entretint avec les néophytes hellènes ; puis,
dans la soirée, il descendit au port, où son vaisseau venait
d'entrer, s'embarqua, et le soir du même jour jetait l'ancre en
face de Mitylène. Il avait hâte d'arriver à Jérusalem pour la
fête de la Pentecôte, et voyageait rapidement. La nuit cependant, il fallait s'arrêter à cause des nombreux écueils dont
l'Archipel est semé. Saint Luc, dans son journal de voyage,
nous a fidèlement conservé le souvenir de ces escales noc-
turnes : après Mitylène, Chio, Samos, Milet, où Paul dit
adieu aux Éphésiens, Cos et Rhodes, virent successivement
passer le navire aux blanches voiles qui portait l'Apôtre des
nations. — Nous allons bientôt suivre nous-même cet itinéraire ; mais auparavant, il nous faut descendre à Smyrne.

On le devine aisément, en vue des côtes de la Troade,
Nachid-Pacha s'occupa fort peu de souvenirs classiques,
encore moins de souvenirs chrétiens. Aussi s'ennuyait-il visiblement. Tantôt assis, tantôt debout à l'arrière du bateau, il
regardait d'un air distrait, sommeillait ou fumait. Parfois
cependant, un objet vulgaire, se dessinant sur la rive, attirait
son attention : un bouquet d'arbres, un moulin à vent, une
maison blanche. Alors, sur un signe de tête du maître, un
jeune Nubien, alerte et rieur, lui présentait sa lorgnette, qu'il
recevait d'une main paresseuse et rendait presque aussi vite.
Dans cette lutte contre l'accablement des plus chaudes heures
du jour, la fortune lui vint pourtant en aide. Pour la ving-
tième fois le Pacha s'était levé et se promenait à pas lents

sur le pont. Tout à coup il découvre derrière un amas de cordages son secrétaire profondément endormi. C'était un pâle enfant d'Israël, souple, patient, comme tous ceux de sa race. La pensée de lui faire une niche traverse aussitôt l'esprit du Pacha. Doucement, doucement, il enlève le fez du dormeur, le met dans sa poche, et sur la pointe du pied regagne sa cabine. Nous nous demandions ce qui allait suivre. Bientôt arrive l'esclave préféré, le Nubien, folâtre et lutin, tout heureux de son rôle de comparse. L'espiègle s'approche du pauvre homme, l'éveille, et lui dit que le maître veut le voir à l'instant. L'autre se frotte les yeux, s'étire, porte la main à la tête, et s'aperçoit que son fez a disparu. Jugez de son embarras. Se présenter tête nue à un supérieur passerait en Orient pour la dernière des insolences. Et cependant l'ordre pressait ; il fallait descendre. Ce fut pendant quelques instants un spectacle vraiment comique, dont jouit surtout le petit négrillon. Celui-ci, voyant le tour si bien réussi, prit alors en pitié son collègue et lui passa son propre fez. Ainsi finit l'histoire. Je ne revis plus le Pacha qu'au moment où nous arrivions à Smyrne. Cette fois il tenait sa lorgnette solidement braquée sur la ville, dont il semblait faire une inspection minutieuse. En voyant ses prunelles se dilater de convoitise, je me disais : « Ou je me trompe fort, ou le voilà qui compte, quartier par quartier, ce que lui rapportera la tonte. » Après tout, est-on Pacha pour paître le troupeau, ou pour s'engraisser à ses dépens ?

Il était tard. Je débarquai aussitôt, et j'allai demander aux Frères des Écoles chrétiennes un lit plus frais que les couchettes du bord. Le lendemain, je dinai chez Mgr Timoni ; je ne me doutais point alors que l'ange de Smyrne dût être bientôt, lui aussi, l'ange du pèlerin. Mais n'anticipons pas. Dans l'après-midi, je passai sur l'«Èbre», bateau des Messageries maritimes, et vers quatre heures nous levions l'ancre, en route pour la Syrie.

Les passagers étaient nombreux. C'étaient surtout des

Grecs d'Alexandrie qui venaient de purger leur quarantaine et qui, fuyant le choléra, allaient se réfugier à Rhodes, où le fléau, dit-on, n'a jamais pénétré. Quelques familles smyrniotes faisaient la même traversée, probablement pour le même motif.

La mer était aussi belle que la veille. Cependant, parvenus à l'entrée du golfe, et au moment de tourner sur Chio, nous sommes pris en flanc par une brise assez forte, et moi qui suis le plus mauvais marin du monde, je n'ai que le temps de gagner ma couchette, où je lutte contre le malaise, prie, rêve et dors jusqu'au lendemain matin.

A peine éveillé, je monte sur le pont pour reconnaître les lieux. Nous étions en plein Archipel ; des iles à droite, à gauche, devant, derrière. Du haut de la dunette, je cherche à m'orienter et je finis par découvrir que nous avons depuis longtemps dépassé Chio. Laissant la route de Grèce s'enfoncer à l'ouest, nous courions droit au sud à travers les Sporades. La masse montagneuse de Samos perçait la brume légère du côté du levant. Nous devions approcher de Patmos ; avant tout, je voulais ne pas manquer cette île vénérable. Bientôt je la vis sortir des eaux, rugueuse, sauvage, volcanique. Patmos se distingue par son âpreté. A peine y trouve-t-on quelque trace de verdure : de chétifs oliviers, une vingtaine de cyprès, un palmier solitaire font toute sa richesse. En revanche, ce ne sont partout que rochers menaçants, pics dénudés, cavernes béantes. Patmos est un des plus dangereux écueils de l'Archipel ; aussi les Romains, qui reléguaient de préférence leurs détenus politiques dans des îles inaccessibles (1), en avaient-ils fait un de leurs principaux lieux d'exil. S. Jean y fut déporté dans sa vieillesse, et y écrivit l'Apocalypse. Au-dessous du monastère bâti sur la crête de la montagne, on montre la grotte où l'Apôtre en prière entendit derrière lui une voix qui lui disait : Écris. Jean, s'étant retourné, se prosterna saisi de fayeur, et commença aussitôt le récit

---

1. « In asperrimas insularum. » Suétone, *Titus*, 8.

de ces visions tour à tour lugubres comme la tempête et se-
reines comme un coucher de soleil sur les flots endormis(1).

Au-delà de Patmos, nous apercevons bientôt le promontoire
d'Halicarnasse avec ses îles en vedette et son troupeau de
sommets ronds et de pitons aigus. Puis l'île de Cos nous
barre le passage. Cette grande île, patrie d'Hippocrate,
paraît riche et prospère. Au pied de ses montagnes profondément ravinées s'ouvre vers le nord une large plaine. On y
voit une jolie ville blanche au milieu de beaux arbres verts.

Ile de Patmos.

Des moulins à vent et de nombreuses voiles égaient le rivage.
J'ai rarement rencontré un paysage plus frais, plus souriant.

Cependant notre bateau file à toute vapeur entre Cos et
Halicarnasse, entre la patrie du père de la médecine et celle
du père de l'histoire. Au cap Crio, nous retrouvons le souvenir de saint Paul. Cette pointe extrême de l'Asie occidentale
portait jadis la fameuse ville de Cnide, dont les ruines couvrent le rivage. C'est de cette ville que Paul partit pour Rome,
comme il était parti de Troas pour Athènes.

Je ne me rappelle plus exactement à quelle heure nous

1. Sur Patmos, voir Guérin, *Description de l'île de Patmos*, Paris, 1856.

arrivâmes à Rhodes. Longtemps d'avance nous avions pu voir le plateau des Chevaliers grandir à l'horizon et se déta-

Ruines de la Tour St-Nicolas, Rhodes.

cher au loin comme une citadelle géante. Peu à peu les distances s'effacent ; nous tournons la pointe septentrionale de

l'île, la ville apparaît avec ses tours et ses remparts. Encore quelques minutes de marche et nous mouillons en avant de l'ancien port.

Aussitôt notre bateau est entouré de barques montées par de vigoureux Rhodiens, en costume écarlate, qui crient, hurlent, tempêtent, gesticulent comme des forcenés. J'ai vu, dans différents ports, des débarquement orageux ; celui-ci dépasse, je crois, tout ce que j'ai vu. A peine le drapeau jaune du canot de santé a-t-il disparu (1), que le paquebot est littéralement pris d'assaut. Du haut de la dunette, nous contemplons cette avalanche humaine, et nous plaignons les nombreux passagers qui doivent débarquer ici.

On s'arrête peu à Rhodes, ce n'est pas la peine d'aller à terre. D'ailleurs, de notre poste d'observation, nous jouissons du plus beau panorama. Devant nous se déroulent la ville, le port, les jardins et les montagnes de l'île ; quelques palmiers courbés par la brise de mer se projettent sur le ciel bleu ; l'horizon est fermé par des rochers aux formes bizarres. La grande tour qui se dresse en face de nous n'est autre que ce fameux fort de Saint-Nicolas contre lequel vinrent se briser les armes ottomanes dans les deux sièges ; ce fort est encore aujourd'hui tel qu'il était au temps des chevaliers. Du colosse il ne reste pas trace ; on ne sait même plus au juste où il était.

Deux routes de Syrie s'ouvrent ici devant le pèlerin : celle de Chypre, la plus courte, la plus fréquentée, et celle de Cilicie, la plus longue, mais de beaucoup la plus intéressante. Nous suivrons cette dernière, longeant le Taurus et fouillant la côte jusqu'à Beyrouth.

Deux ou trois heures avant le coucher du soleil, l'ancre est levée. Nous ne nous arrèterons plus qu'à Mersina, port de

___

1. Avant qu'aucun passager puisse débarquer, le canot de santé, monté par le docteur et portant le drapeau jaune, se détache du bateau et accoste la rive. Si la patente du bord est en règle, on abat le drapeau : c'est le signale du débarquement.

l'ancienne Tarse, patrie de saint Paul. Dans trente heures nous y serons. En quittant Rhodes, je jette un dernier coup d'œil sur l'île, qui se déploie tout entière à nos regards ravis; j'admire surtout ses plateaux massifs, ses monts tabulaires qui la font ressembler à un vaste échiquier garni de toutes pièces. Puis, me retournant vers le nord, je prends en quelque sorte possession de la côte d'Asie, qui commence à s'immerger dans la brume du soir, mais que nous pourrons demain contempler tout le jour.

Ici se place un de ces incidents de mon voyage où la main de la Providence se montre absolument à découvert.

A mon départ de Constantinople, je me proposais, non seulement d'aller à Jérusalem, mais encore de parcourir la Galilée. Ce dernier projet n'était pas sans graves difficultés. Je ne voulais, à cause des chaleurs, ni longer à cheval la côte de Tyr, ni traverser la Samarie ; il me fallait donc, pour exécuter mon plan, débarquer à Caïffa, au pied du Carmel. Or un seul bateau, venant de Beyrouth, fait escale à ce port avant de se rendre à Jaffa, et ce bateau, qui appartient au Lloyd autrichien, ne part que tous les quinze jours. On voit quels longs retards cette combinaison entraînait, et comment, sans un coup de la Providence, mon projet si longtemps caressé menaçait de tomber à l'eau.

Vainement je m'étais creusé la tête pour trouver une solution, et le soir du 21 juillet, arpentant le pont à grands pas, je cherchais encore, quand tout à coup j'entends près de moi prononcer le nom de *Caïffa*. Je lève la tête et vois le docteur du bord en conversation avec un passager portant barbiche et moustache à la française et les cheveux ras, le tout légèrement blanchi par l'âge. Impossible de résister à l'accès de curiosité dont je suis pris : « Pardon, Messieurs, dis-je en m'approchant, je viens d'entendre prononcer le nom de Caïffa; peut-être connaissez-vous cette ville, et pourriez-vous me donner certains renseignements qui m'intéressent au plus haut point. — Mais, me répond le docteur en riant, vous ne pouviez pas mieux tomber : Monsieur est précisément le consul français de Caïffa. » Le consul, M. Monge, neveu du célèbre géomètre, s'inclina avec une courtoisie parfaite, et en même temps avec un air de bonté paternelle qui me ravit. Jugez si je me fis faute de lui exposer mes petites préoccupations. Par une rencontre providentielle que je ne puis assez admirer, le consul était dans une situation analogue à la mienne. Le bateau de Caïffa ne devant partir de Beyrouth que cinq jours après notre arrivée dans cette dernière ville, il ne voulait pas attendre ; il cherchait un autre moyen de transport rapide, par mer ; il le trouverait, ou, s'il ne le trouvait pas, il le créerait. Dans tous les cas, pourvu que je consentisse à suivre sa fortune, d'avance il mettait toutes ses ressources à ma disposition.

Cet entretien m'avait ébloui de joie. J'étais désormais sûr de voir se réaliser mon désir le plus cher ; tous les obstacles étaient aplanis, j'irais en Galilée. Ce soir-là, j'entonnai de bon cœur, avant de me coucher, l'hymne de la reconnaissance, et pendant toute la nuit je ne vis en songe que lacs et montagnes, horizons bleus et chênes verts, sources limpides et joyeux villages, la Galilée enfin, telle que je la rêvais, et, DIEU merci ! telle que je l'ai trouvée.

Le lendemain, 22 juillet, depuis le lever du soleil jusqu'à son coucher, nous longeâmes la chaîne du Taurus. Pendant plusieurs heures nous vîmes à notre droite l'Olympe de Chypre. Je passai ma journée sur le pont, contemplant sans me lasser ce ciel magnifique, ces eaux étincelantes, ce rivage enchanteur. La nature se montre ici d'une grandeur vraiment surprenante. Le Taurus n'est, sur toute sa longueur, qu'un prodigieux entassement de sommets fantastiques : pics neigeux, plateaux massifs, tours et pyramides, mitres et tiares gigantesques. A la vue de cet immense bouleversement, de cette étrange et inexprimable confusion, de ce pêle-mêle sublime, de cette écrasante et colossale beauté, on se sent presque pris de vertige. On se croirait au pays du Déluge, et au lendemain même de la catastrophe. Il semble que les eaux viennent à peine de s'écouler, creusant ces ravins sans fond, broyant ces puissants sommets, mutilant ces crêtes superbes, tordant comme de frêles roseaux ces fiers Titans de la création. Ce n'est plus la paisible et lumineuse plaine de Troie ; c'est le champ de bataille d'une race de géants foudroyés.

Mais déjà le soleil a disparu sous les eaux. La lune, cette pâle Astarté, reprend son empire sur ces mystérieux horizons. Elle brille entre les crêtes du rivage, elle baigne l'azur profond du ciel, elle scintille sur l'immensité des flots. Ma pensée se replie comme l'aile fatiguée de l'oiseau ; ma paupière se ferme ; les heures de la nuit s'écoulent silencieuses. A peine si, au moment où le bateau s'arrête, j'entends la chaine de l'ancre se dérouler, et le coq avait depuis longtemps chanté lorsque je remontai sur le pont.

Un spectacle ravissant de calme et de sérénité s'offre alors à ma vue. Au fond d'une rade paisible, bordée de myrtes et de lauriers-roses, une petite bourgade étalait ses maisons blanches ; derrière la bourgade, une vaste plaine ; derrière la plaine et fermant l'horizon, des montagnes aux contours bizarres et pourtant harmonieux. On dirait un décor de théâtre. Cette bourgade, c'est Mersina ; cette plaine, c'est la plaine de Tarse. Nous sommes en Cilicie.

Tarse.

La patrie de saint Paul ne pouvait se présenter à moi sous un aspect plus attrayant ; notre bateau s'arrêtait ici un jour entier. J'eus un instant la pensée de pousser jusqu'à Tarse ; mais la chaleur, la distance, que sais-je ? d'autres raisons encore me rendaient hésitant,

et je ne me décidais pas même à descendre à terre, lorsque
après déjeuner M. Monge m'accoste et m'invite à faire avec
lui une excursion à cheval jusqu'aux ruines de Pompéiopolis.
Ces ruines sont situées sur un promontoire pittoresque, dans
la partie occidentale de la plaine de Cilicie ; la distance est
d'environ deux heures ; le docteur est des nôtres. J'accepte,
et nous partons dans un canot du bord, emmenant avec nous
Block, le chien du commandant. Une fois à terre, nous nous
rendons chez le consul français, M. Geoffroy, et, par son
intermédiaire, nous louons quatre chevaux, dont un pour le
guide. Block suivait, aboyant aux oiseaux, gambadant à
travers la lande épineuse.

Loin d'être pénible comme je l'avais craint d'abord, notre
promenade fut pleine de charmes. Pendant la plus grande partie de la route nous longeâmes le bord de la mer, nous amu-
sant parfois à pousser nos chevaux jusque dans les vagues.
Chemin faisant, je tâchais de me rendre compte de la configuration de cette plaine célèbre ; mais plus d'une fois des
chameaux, nous disputant l'étroit sentier, interrompirent le
cours de mes observations. L'avouerai-je ? ce n'était point
sans une appréhension secrète que j'abordais alors et rasais
du bord de ma selle ces masses mouvantes. Plus tard, mieux
fait à la vie arabe, je ne m'étonnai plus pour si peu.

Les ruines de Pompéiopolis sont véritablement curieuses :
j'y remarquai surtout un portique comptant plus de quarante
colonnes debout, l'hippodrome bien conservé, et le théâtre
taillé, à la manière antique, dans les flancs d'une colline. Du
haut de cette colline nous découvrions toute la plaine de
Tarse, bornée au sud par la mer, au nord par un rideau de
hautes montagnes cubiques. On dirait d'immenses dés à jouer
posés sur le sol. Ce paysage surprend par l'étrangeté des
formes, comme par l'harmonie de l'ensemble. Tel fut l'horizon
de Paul enfant (1).

---

1. Sur Tarse au temps de saint Paul, voir l'abbé Fouart : *Les origines de l'Église.*
Saint Pierre et les premières années du Christianisme, chap. VI, p. 138. — Paris,
Lecoffre, 1886.

Notre départ de Mersina était fixé à six heures du soir. Or, en fait d'exactitude, le commandant n'entendait pas plaisanterie : il fallait donc être exacts. Aussi, jugez de notre désappointement d'abord, de notre inquiétude ensuite, quand, au moment du retour, nous nous aperçûmes que nous avions perdu nos chevaux. Ils étaient restés aux mains du guide ; et maintenant, où était le guide ? Nous avions eu l'imprudence de nous séparer de lui au milieu d'un inextricable fourré de broussailles épineuses : impossible de retrouver sa trace. Nous crions à tue-tête : Bourda ! Bourda ! (1) Nos cris se perdent dans la solitude immense. Une demi-heure, une heure se passe. Enfin nous apercevons notre homme tranquillement assis au pied d'un arbre, et tenant ses chevaux en laisse. Nous piquons des deux à travers les décombres ; nous brûlons le terrain autant que le permettent nos paisibles bêtes et nos talons désarmés ; finalement nous arrivons, mais avec vingt minutes de retard. C'était peu, en soi ; c'était beaucoup, par rapport au bon ordre et à la disciple générale du bord. Aussi le commandant avait-il eu grande envie de nous planter là ; mais pouvait-il partir sans le Consul, sans le Docteur et sans son chien ? Ah ! si j'avais été seul !

De Mersina à Alexandrette, il n'y a que quelques heures. La traversée ayant eu lieu pendant la nuit, nous trouvâmes encore une fois la scène changée en nous levant le mardi matin. Mais il y avait de quoi regretter les jours précédents. Les montagnes du golfe étaient presque entièrement couvertes de brumes épaisses, la chaleur était suffoquante et incroyablement humide. Pour comble de malheur, il nous fallait rester deux jours entiers dans ce soupirail d'enfer. Bon gré mal gré on se résigne, et le temps se passe à éponger les flots de sueur qui coulent de tous les fronts. J'eus alors pour la première fois quelque idée de ce que doivent être les chaleurs tropicales. Ce n'est pas que j'éprouvasse des sensations bien

1. Mot turc qui signifie : Ici, ici.

pénibles, mais je me fondais tout en eau presque sans m'en apercevoir. Cette évaporation intense et continue abat bien vite les forces, et je ne m'étonne point qu'à la longue elle abatte aussi les courages.

Notre seule distraction pendant ces deux longues journées fut la prise par nos matelots d'un jeune requin d'un mètre de longueur. Il appartenait sans doute à la respectable famille dont nous voyions les principaux membres circuler autour de notre navire, cherchant vainement une proie humaine.

Enfin on appareille et nous quittons Alexandrette. Désormais nous sommes en Syrie. Voici d'abord les montagnes d'Antioche, où de grands feux allumés par des pâtres ansariens lancent vers le ciel leurs colonnes de fumée. Voici l'embouchure de l'Oronte, sur lequel était bâtie la cité d'Antiochus (1). Voici Latakieh, l'ancienne Laodicée, un de ses ports et sa rivale. L'aspect de la ville avec sa terrasse de palmiers est gracieux et plein de fraîcheur. On y voit de beaux couvents et de grandes églises.

Ruines de Laodicée.

Mais nous nous arrêtons à peine. C'est aujourd'hui jeudi ; demain nous devons être à Beyrouth.

Le bateau continue donc sa marche accélérée et vogue à toute vapeur. Le ciel est sans nuages ; le soleil de Syrie brille dans tout son éclat. La côte capricieuse s'éloigne et se rapproche, fuit et revient, se creuse en petits golfes ou s'élève en collines arrondies. Le paysage est gracieux et coquet, l'atmosphère molle et embaumée. C'est bien sur ces rivages qu'ont dû naître les mythes d'Adonis et d'Astarté.

1. Sur Antioche au temps de saint Pierre, voir *Les origines de l'Église. Saint Pierre*, etc. chap., IX, p. 214.

Rouad paraît, l'Aradus des anciens, l'Arvad de la Bible. Je suis frappé de la ressemblance de cette île avec la ville de Saint-Malo. J'y trouve la même gerbe de maisons, les mêmes remparts crénelés et battus par les vagues. Elle n'a guère plus d'une demi-lieue de circuit, et cependant sur cette étroite roche subsiste une population de près de quinze cents habitants, tous marins ou pêcheurs.

Tout à coup la côte se redresse; une chaîne de hautes montagnes surgit brusquement ; les glaciers étincellent. C'est le Liban !

Sommets du Liban.

Le Liban, vu de la mer, présente un spectacle à la fois plein de majesté et de charmes. Selon l'altitude, il se divise horizontalement en trois zones ou étages : la zone tropicale, la zone tempérée et la zone glaciale. En bas, vous voyez s'épanouir une végétation africaine : bois d'orangers et de citronniers, bosquets de myrtes et de lauriers-roses, corbeilles de verdure pâle barbelées de palmiers. A mi-côte, ce sont les arbres de nos pays : noyers, chênes, mélèzes. Enfin, tout au sommet, les neiges éternelles. Représentez-vous donc dans cette chaîne immense, de teinte grise ou rougeâtre ; faites courir sur ses flancs rocailleux des festons de verdure ; semez partout des

villages blancs ; multipliez les couvents grecs ou maronites,
bâtis comme des forteresses ; faites étinceler au soleil les
cimes glacées, et vous aurez une idée de ce panorama grandiose et sévère.

Le soleil était près de se coucher lorsque nous arrivâmes
à Tripoli. Là encore, nous eûmes sous les yeux un de ces
tableaux qui ne s'effacent point de la mémoire. Le Liban res-
plendissait sous des flots de lumière ; la ville arabe, coquette
et parée, souriait dans la verdure ; le château de Raymond de
Toulouse la couvrait de son ombre féodale. Soudain le canon
du Ramadan tonna, l'appel à la prière retentit du haut des
minarets blancs, la foule joyeuse y répondit par ses cris d'allégresse (1). La nature était en fête ; la mer elle-même semblait fière de baigner ces beaux lieux: jamais je ne l'avais vue
plus vive, plus caressante, plus gracieusement mutinée.

Cependant une scène d'une poésie étrange se passait à
notre bord. Nous ramenions de Mersina, où il avait été frappé
d'une attaque d'apoplexie, un riche marchand arabe de
Tripoli. Cet infortuné, complètement paralysé, faisait peine
à voir. On l'avait couché sur la dunette, où il passait ses nuits
et ses jours à gémir et à pleurer. Parfois, l'œil fixe et presque éteint, il chantait d'une voix sourde et sur un rhythme
profondément mélancolique des paroles pour nous ininttel-
ligibles. Nous croyions qu'il délirait. Mais notre archimandrite, parfaitement au fait des mœurs et de la langue du pays,
nous détrompa : « Il se plaint, nous dit-il ; il chante son malheur. Il chante : Je vais revoir mes fils, ô douleur ! je vais
revoir ma famille, ô douleur ! Tous vont pleurer sur moi !
Hélas! hélas! que je suis malheureux! Allah, aie pitié de moi!»

A peine eûmes-nous jeté l'ancre devant Tripoli, que sa
famille vint le prendre. Ce fut une scène déchirante, mais

---

1. Au moment précis du coucher du soleil, chaque jour du mois de Ramadan,
on tire dans toutes les villes un coup de canon: c'est le signal de rompre le jeûne.
Aussitôt ceux qui ont quelque chose sous la main boivent et mangent ; les
autres allument au moins une cigarette. A ce moment une joie bruyante éclate
partout.

tout orientale et purement arabe. Les parents et serviteurs, six ou sept hommes en tout, s'avancèrent sur le pont, conduits par le frère du malade ; ils entourèrent sa couche formée de nattes et de coussins. Tous alors s'assirent sur leurs talons, et demeurèrent assez longtemps dans cette posture, immobiles et gardant un profond silence. On n'entendait de temps à autre que les sanglots qui brisaient la poitrine du paralytique. Enfin ils l'emportèrent.

Cette scène rappelait d'une manière frappante l'attitude des amis de Job : « *Et sederunt cum eo in terra septem diebus et septem noctibus, et nemo loquebatur ei verbum : videbant enim dolorem esse vehementem.* Ils s'assirent près de lui sur la terre sept jours et sept nuits, mais personne ne lui parla : car ils voyaient combien grande était sa douleur. » (Job, II, 13.)

Dans la nuit du jeudi au vendredi nous quittâmes Tripoli ; au lever du soleil nous étions en rade devant Beyrouth. Je me hâtai de débarquer, et courus aussitôt à l'Université Saint-Joseph, où je fus accueilli comme un frère. Mais à peine arrivé, je songeais à repartir. Beyrouth n'était pour moi qu'une escale ; ma pensée et mon cœur étaient déjà en Galilée.

Comme on pense bien, je n'avais pas quitté le Consul de Caïffa sans m'entendre définitivement avec lui. M. Monge m'avait dit : « Je ne veux pas traîner à Beyrouth jusqu'au départ du bateau de Caïffa. D'un autre côté, le commandant de l'« Èbre » ne peut songer à toucher ce port pour l'amour de moi. Comme son bateau fait le courrier, le gouvernement français aurait le droit de réclamer. Voici donc ce que j'ai résolu : Je loue à Beyrouth un voilier. Le commandant consent à me le remorquer jusqu'à la hauteur du Carmel. Là, il me lâche, je passe sur mon voilier, et en une heure et demie, à moins de gros temps, je suis à Caïffa. Si vous n'avez pas peur de ce transbordement en pleine mer et en pleine nuit, mon bateau et ma personne sont à votre disposition. »

On ne pouvait être plus aimable ; l'occasion ne pouvait être plus belle. Nous étions au vendredi ; l'« Èbre » devait partir de Beyrouth le lendemain soir. Le surlendemain dimanche, au lever du soleil, je serais donc au Carmel. J'aurais cinq jours pour faire mon tour de Galilée, et revenir prendre le jeudi à Caïffa le bateau du Lloyd Autrichien en route pour Jaffa. J'évitais ainsi un retard de trois semaines, et des frais en proportion, c'est-à-dire que mon excursion en Galilée, d'irréalisable qu'elle paraissait d'abord, était devenue comme par enchantement on ne peut plus facile et plus simple. C'était à n'y pas croire : « Quelle chance vous avez ! me disait à Beyrouth le doyen des pèlerins, le P. Fiorowich ; jamais on n'a rien vu de pareil. »

Et moi, je répondais dans mon cœur débordant de reconnaissance : O Providence, voilà bien de tes coups !

II. — Le Carmel. — Nazareth. — Le Thabor. — Tibériade.

APRÈS avoir passé deux jours à Beyrouth, je me retrouvais le samedi soir, 28 juillet, à bord de l'*Èbre*, où je serrai bien joyeusement la main à notre excellent consul. Le voilier loué par lui était un grand et solide bateau employé au cabotage, c'est-à-dire à la navigation côtière. On était en train de l'amarrer à l'arrière du paquebot. Les hommes du bord, avec leurs habitudes d'obéissance passive, exécutaient cette manœuvre tout à fait insolite sans en comprendre ni en demander la raison. Qui eût osé questionner le capitaine ? Les officiers savaient à peine dans quel but se faisaient ces préparatifs. Le commandant avait gardé son secret. Il surveillait tout, prévoyait tout, réglait tout lui-même : longueur et force des amarres, distance entre les deux bâtiments, précautions à prendre par les gens du voilier.

Enfin tout est prêt. Le soleil vient de se coucher; toutefois ses rayons empourprés caressent encore la cime glacée du Djebel Sannim. Je jette un dernier regard à la ville, un dernier adieu à mes hôtes. Nous sommes partis.

Ce fut d'abord un curieux spectacle que celui de notre caboteur s'essayant au bout de son câble à filer sans voiles ni rames ses douze nœuds à l'heure (1). Nous étions tous à l'arrière, y compris le commandant, pour voir comment il s'en tirait. De temps en temps le paquebot lui lançait de furieuses ruades, et semblait vouloir le submerger. Les paquets de mer éclaboussaient alors l'innocent esquif, qui reparaissait bientôt vainqueur de la tourmente, volant comme une hirondelle, glissant comme une anguille à la surface des eaux.

---

1. Ses douze nœuds, c'est-à-dire ses douze milles. Le mille marin est de 1852 mètres.

Cette distraction toutefois ne fut pas de longue durée. Le
crépuscule en Orient fait vite place à la nuit close. La lune,
à son dernier quartier, n'était pas encore levée ; une brume
légère couvrait les flots. Les passagers, d'ailleurs peu nombreux, s'étaient tous retirés; je restais seul sur le pont. D'après
les calculs du capitaine, nous devions arriver à la hauteur
du Carmel vers deux heures du matin. Je m'établis donc
près de sa cabine pour être averti au moment voulu, et,
couché sur un banc, car j'avais senti les premières atteintes
du mal de mer, j'attendis en paix.

Vers une heure, ou même avant, le commandant était
debout, observant les feux du rivage et calculant les distances.
Bientôt je distinguai moi-même le phare du Carmel. Nous
approchions. Encore quelques tours d'hélice, et l'ordre de
stopper est donné. Une douzaine d'hommes viennent larguer
les amarres. Nous voyons alors notre bateau déployer en
liberté ses voiles blanches sous un magnifique clair de lune.

L'heure de transborder était venue. Nous serrons la main
du capitaine, M. Monge et moi ; nous descendons dans un
des canots du bord, et deux vigoureux rameurs nous conduisent jusqu'à notre embarcation. Nous accostons ; nos matelots syriens nous enlèvent l'un après l'autre et nous déposent
au pied de leur mât. A peine y sommes-nous installés que,
sans secousse, sans le moindre bruit, notre bateau glisse déjà
comme un cygne blanc sur les flots argentés. Qu'on se figure
ce paysage nocturne : une nappe de moire, un dais de cristal,
la clarté laiteuse et veloutée de la lune, l'éclat scintillant des
étoiles et des phares. La brise venait du large et de sa tiède
haleine nous poussait doucement au rivage. Pas une ombre
dans ce tableau, pas une tache dans cette pure atmosphère,
pas une dissonance dans ce silence harmonieux. Parler, c'eût
été rompre le charme : nos hommes eux-mêmes le sentaient
et respectaient notre extase. Je ne sais comment cela se fit,
mais déjà nous étions à l'ancre dans la rade de Caïffa que je
croyais marcher encore. Je ne m'étais pas plus aperçu de

l'arrivée que du départ, tant l'allure de notre voilier me sembla douce.

L'aube commençait à poindre. Des formes confuses se dessinaient sur la rive. Peu à peu, la scène s'éclairant, je distinguai une petite ville blottie au milieu des palmiers, et derrière, une longue croupe sinueuse se détachant sur un ciel d'opale (1). C'était le Carmel, c'était la Galilée!

La Galilée! Dieu le voulait : j'allais toucher de mon pied poudreux ce sol béni. Déjà des bruits familiers frappent mon oreille : le chant du coq, le mugissement sonore du bœuf sortant de l'étable, la note stridente de l'âne secouant sur sa crèche la torpeur des nuits. Déjà, dans l'intervalle des maisons, nous voyons les caravanes de chameaux défiler d'un pas rapide. Pourtant, immobiles au milieu de la rade, nous attendons encore. Il nous faut avant de débarquer le visa du médecin sanitaire. Vers cinq heures ce personnage paraît sur la jetée, majestueusement drapé dans sa robe de chambre. Il accueille M. Monge et vise notre patente avec une dignité tout orientale et une sympathie manifeste. Plusieurs personnes entourent le consul ; ce sont, je crois, ses domestiques et ses gens d'affaires. Nous nous dirigeons vers sa maison. Les fenêtres s'ouvrent sur notre passage. Nous serions tombés de la lune qu'on n'eût pas été plus étonné : personne ne comprenait comment, partis la veille au soir de Beyrouth sur un voilier, nous étions déjà arrivés. Pour moi, je m'arrête à l'église. M. Monge me présente au Père Alexis, curé latin de Caïffa, et je dis la messe, à laquelle assistent trois ou quatre Frères français des Écoles chrétiennes.

Aussitôt après déjeuner, sans perdre une minute, je m'occupe de mon plan de campagne. Il est vite arrêté. Ce matin j'irai visiter le couvent du Carmel ; cette course terminée, je pars pour Nazareth, où je coucherai ce soir. Mais il me faut

---

1. Le Carmel n'est point un simple promontoire, ou une montagne isolée comme plusieurs le pensent ; c'est une chaîne de collines, obliquant du nord-ouest au sud-est, sur une longueur de douze milles.

un cheval et un moukre. On appelle moukre, en Orient, un
guide loueur de chevaux. Qui pourra mieux me renseigner
dans ce choix délicat que Madame de Vaux, supérieure des
Dames de Nazareth ? Je vais frapper à sa porte hospitalière,
où frappèrent plus d'une fois M. de Saulcy, M. Guérin et tant
d'autres moins illustres. Je suis reçu comme un enfant de la
maison. Deux mots, et Madame de Vaux a tout compris, tout
décidé : « Allez au Carmel, me dit-elle, je vous y enverrai
un cheval et un guide, avec lesquels vous partirez pour Nazareth. Toutefois, en repassant par ici, vous vous arrêterez à
notre porte pour prendre
des provisions. » Cette
dernière recommanda-
tion, on le verra bientôt,
cachait une disposition
providentielle qui devait
assurer le plein succès
de mon excursion en
Galilée, et que ni Mada-
me de Vaux ni moi ne
soupçonnions encore.

Le Mont Carmel.

Ces mesures prises, je
m'achemine à pied vers
le couvent. Trois quarts
d'heure suffisent pour le
trajet ; mais il était neuf
heures du matin, et l'ex-
périence prouve que ce moment de la journée est en Orient
de beaucoup le plus pénible, à cause de la chaleur. Je crus
presque rester en route. Enfin j'arrive ; j'entre. On était à la
messe (dimanche, 29 juillet). Personne ne paraissant, je ne
savais trop de quel côté me tourner. Deux prêtres grecs que
je rencontre fort à propos me conduisent au divan, où je
m'assieds exténué, le front baigné de sueur. Grâce à DIEU,
j'allais être amplement dédommagé de cette petite fatigue.

Pendant que je prenais les rafraîchissements d'usage qu'on

venait de me servir, j'entends tout à coup des chants et des cris joyeux mêlés de battements de mains. Je cours à la fenê-tre. J'étais arrivé juste à temps pour voir la curieuse cérémo-nie de la consécration d'un enfant à saint Élie. On en était à la procession qui clôture la fête. Cette procession est tout ce qu'on peut imaginer de plus original. Elle fait le tour du couvent deux, trois et, si je ne me trompe, jusqu'à sept fois (1). En tête marche un cheval richement caparaçonné. Il est monté par un cavalier qui porte entre ses bras l'enfant consacré ; derrière le cheval, des femmes aux costumes étran-ges, des jeunes filles se tenant par la main et formant une sorte de danse religieuse. Toutes chantent ; les femmes et les enfants battent des mains en cadence. Les étoffes aux vives couleurs, le teint brun des visages, la tiare syrienne qui sert de coiffure, donnent à l'ensemble un aspect saisissant.

Je demande alors aux prêtres grecs ce que l'on chante. Ils me répondent en riant : « Oh ! c'est très simple. » En effet, c'était très simple. On chantait : « Faisons le tour du couvent ; tous ensemble faisons le tour du couvent. Monsieur, montez à cheval ; montez à cheval, Monsieur ; faisons le tour du cou-vent ! — Bon, dis-je à mes compagnons, ceci est pour le pre-mier tour ; mais au second, au troisième, que chante-t-on ? — Ce qu'on chante ? On chante : Faisons encore le tour du couvent ; tous ensemble faisons encore le tour du couvent. Monsieur, remontez à cheval ; remontez à cheval, Monsieur ; faisons encore le tour du couvent. » Et ainsi de suite.

Remarquons en passant que les Arabes sont essentielle-ment improvisateurs. Dans leurs voyages, pendant leurs travaux, aux jours de leurs fêtes profanes ou religieuses, ils chantent ; les airs la plupart du temps sont improvisés, les paroles toujours. Mais, comme vous le voyez, ils ne font pas grands frais d'imagination (2).

1. Les pèlerins de la Mecque font, eux aussi, sept fois le tour de la Kaaba.
2. M. Michaud cite quelque part un épithalame qu'il entendit dans une noce de village, et dont l'invariable refrain était : « Le beau épouse la belle, la belle épouse le beau. » Il serait facile de multiplier les exemples de ces improvisations populaires.

Après m'être un peu reposé, je fis, moi aussi, le tour du couvent. Je vénérai l'image de N.-D. du Mont-Carmel ; je visitai la grotte de saint Élie ; puis je montai sur la terrasse, d'où l'on jouit d'un admirable panorama. A mes pieds étincelait la mer de Syrie ; sur le rivage, la petite ville de Caïffa cachait à demi ses maisons blanches sous l'ombre des palmiers ; plus loin, la baie de Saint-Jean-d'Acre décrivait vers le nord sa courbe harmonieuse ; enfin, à l'horizon, les tours et les remparts de cette ville devant laquelle se brisèrent les efforts du plus grand conquérant moderne.

A peine avais-je fini ma visite que je fus accosté par un tout jeune homme, presque un enfant, parlant passablement français. C'était le moukre envoyé par Mme de Vaux. Son cheval m'attendait à l'entrée du couvent ; je fus bientôt en selle, et nous partîmes. Comme il avait été convenu, je m'arrêtai à la maison des Dames de Nazareth pour prendre quelques petites provisions. Au moment où j'allais sortir, pensant retrouver à la porte le cheval et le guide que j'y avais laissés, je vois Mme de Vaux en pourparlers avec un Arabe de haute taille, bien découplé, mais d'une physionomie quelque peu sauvage. Il était coiffé d'un vaste kéfié rouge retenu sur son front par une corde de poil de chameau (1). Je ne me doutais de rien : « Voilà votre moukre, me dit tout à coup l'obligeante Supérieure, en me montrant le nouveau venu. — Comment ! ce Bédouin ! mais il n'a pas l'air rassurant du tout. — Soyez tranquille : nous le connaissons. Il s'appelle Francis ; il a deux chevaux. Avec lui vous êtes sûr de ne pas coucher en route, tandis que l'autre serait obligé de vous suivre à pied, et qui sait si vous arriveriez avant la nuit à Nazareth. »

En effet, j'ai tout lieu de croire que je ne serais point arrivé avec ce chétif enfant. Mais la Providence y avait pourvu.

---

1. Le *kéfié* est le morceau d'étoffe dont les Arabes se couvrent la tête et le cou pour se préserver des insolations. On le fixe sur le front au moyen d'une corde de poil de chameau.

Juste au moment de mon départ, Francis se trouvait là. Personne ne l'attendait. L'affaire fut conclue en un instant, et je le gardai à mon service, lui et ses chevaux, jusqu'à mon retour à Caïffa. En dépit des apparences, c'était un brave garçon, intelligent et décidé. Je lui rends ce témoignage avec conviction, et, pourquoi ne l'ajouterais-je pas ? avec une sorte de reconnaissance. Sans lui jamais je n'aurais pu faire en quatre jours mon magnifique tour de Galilée, ni vaincre les difficultés pratiques de cette excursion légèrement aventureuse.

Nous n'avions pas de temps à perdre. Il était midi et demi, et la distance est de sept bonnes heures de marche. Nous partons, Francis en avant, sur un excellent petit cheval gris que je nommai Pégase ; moi derrière, sur un fort cheval bai brun, à large poitrail, à puissante encolure, un vrai Bucéphale. Celui-ci était harnaché à l'européenne, sauf les vastes étriers orientaux ; Pégase, plus modeste, portait un simple bât. Nous traversons lentement la ville, bronchant presque à chaque pas sur le pavé glissant des rues. Une fois sortis, nous nous engageons entre deux haies de cactus gigantesques, tordus et crevassés par le soleil. Là je fais une découverte : c'est que mon bai brun est aussi paresseux qu'il est fort et robuste. J'ai beau le solliciter de la bride, le pousser du talon, il va d'un pas désespérant, et fait même plusieurs fois mine de s'arrêter. Francis, qui connaît sa bête, ne s'étonne pas pour si peu. Avec un bout de corde qui doit depuis longtemps servir à cet usage, il amarre solidement mon cheval au sien, Bucéphale à Pégase, et puis, fouette cocher ! nos deux coursiers repartent au trot, le petit remorquant le gros.

Ce système de remorquage a sans doute quelques inconvénients : parfois on est rudement secoué sur la seconde bête. Mais il a un incontestable avantage : c'est que, quand la première va bien, on est toujours sûr d'arriver. Encore une fois, j'ai été si content de mon moukre pendant ces

quatre jours de courses que je lui pardonne de bon cœur de
m'avoir un peu courbaturé.

Vue du Mont Carmel.

Nous voilà cheminant
dans la vaste plaine d'Acre,
longeant la chaîne du Carmel. Le soleil est chaud,
mais l'air est vif et d'une
pureté délicieuse. Tout ce
que je vois, la moindre
touffe d'herbe, la moindre
pierre, est pour moi d'un
indicible intérêt. Je regarde,
je contemple en silence,
étonné de me trouver
là, et pouvant à peine en
croire mes yeux. Cette colline qui déroule à ma droite
ses longs replis calcaires plantés de chênes et d'oliviers,
c'est bien le Carmel ! Ces eaux qui serpentent à ma gauche,
au milieu des roseaux, c'est bien le Cison, sous son nom
moderne de Moukta ! Ces montagnes bleues, toutes pareilles
à celles de mon pays (1), et qui ferment là-bas l'horizon, ce
sont bien les montagnes de Galilée ! ô DIEU ! je tressaille :
ce n'est donc point un rêve ! Enfin, je le vois ce pays du
Bien-Aimé après lequel j'ai soupiré si longtemps, et je le
vois sous son plus beau jour, rayonnant de splendeur et de
grâce.

Nous marchons vers le sud-est. Le principal village que
nous rencontrons avant de passer sur la rive droite de la
Moukta, c'est Yajour, triste d'aspect, bien qu'entouré d'arbres
et de haies vives. Un peu au-delà nous traversons le torrent
biblique sur une passerelle en planches. Les eaux du Cison
sont jaunâtres, paresseuses, et presque partout profondément
encaissées. Leur volume augmente brusquement en temps de

1. Le Val de Galilée Vosges.

pluie et cause alors des inondations désastreuses. On sait quel rôle ces crues subites ont plus d'une fois joué dans les batailles décisives livrées sur ces bords fameux.

Après l'avoir franchie, nous nous éloignons de la Moukta pour courir droit à l'est. Nous traversons d'abord la grande forêt de chênes qui sépare la plaine d'Acre de la plaine d'Esdrelon. Puis nous cheminons, jusqu'à la fontaine de Semounich, au milieu de belles prairies où les pâquerettes et autres fleurs des champs abondent. A Semounich, commence la longue ascension des crêtes qui surplombent Na-
zareth au couchant.

Cette dernière partie du chemin est extrême-
ment intéressante. On y rencontre peu ou point d'habitants ; mais le paysage est si frais, si vert, que je m'étonne de n'en avoir jamais lu ou remarqué la description.

Sur les pentes de l'étroit vallon au fond duquel court le chemin raboteux, ce ne sont que taillis et bosquets festonnés de roches grises, qui forment çà et là des amphithéâtres naturels du plus bel effet,

Figuier et son fruit.

de gracieux massifs taillés avec tant de symétrie que, les prenant de loin pour des villages, j'en demandais le nom à mon guide. Au dire de certain voyageur, on trouve ici des tourterelles sveltes et vives, des merles bleus si légers qu'ils posent sur une herbe sans la faire plier, des alouettes hup-
pées, des cigognes à l'air pudique et grave. Je le crois sans l'avoir vu : nul lieu n'offre une retraite plus sûre, un abri

mieux ombragé. C'est une solitude, mais une solitude riante, un parc rustique, où JÉSUS vint sans doute plus d'une fois prier.

Si pittoresque, si merveilleusement belle que fût notre chevauchée aux rayons du soleil couchant, elle n'était point pourtant sans difficultés. Le sentier se faufilait à travers des blocs de pierre qu'il nous fallait à chaque instant escalader. Nous n'avancions que par saccades et par soubresauts. Mais plus la fatigue se faisait sentir, plus la gaîté bruyante et enfantine de mon moukre augmentait. Au commencement de la course, dans les plaines, il s'était contenté de fredonner ces interminables mélopées si chères au voyageur arabe. Ici, ayant sans cesse à lutter contre l'âpreté du chemin, il s'animait à proportion. Les couplets improvisés éclataient comme des fusées entre ses dents blanches. Au refrain, il battait des mains, et souvent, ne pouvant plus se contenir, il se retournait vers moi, et me jetait sa dernière note dans un sonore éclat de rire. J'aurais volontiers partagé son allégresse, si je n'avais dû continuellement me tenir sur mes gardes pour ne pas vider les arçons. Oubliant de quelle manière intime mon sort était lié au sien, Francis, dans ses transports de joie, faisait follement caracoler son cheval et le lançait parfois à l'assaut d'un quartier de roche, juste au moment où le mien baissant le nez descendait une pente glissante. Piquée aux naseaux par la tension subite de la corde, ma pauvre bête alors bondissait brusquement ; pour moi, c'étaient des secousses à déraciner un chêne. J'avais beau gémir : « Chouéyé ! chouéyé ! Doucement ! doucement ! » Francis, interrompant un instant son couplet, ralentissait quelque peu la marche, mais au bout de deux minutes les éclats de joie et les sauts recommençaient de plus belle.

Le jour baissait ; nous devions approcher. Mon œil interrogeait avidement l'horizon. Enfin, sur une crête en face de nous, paraît une maison aux fenêtres empourprées par les derniers feux du soleil : « En Nazira ! » me crie le guide tout joyeux. Je bénis le ciel, et désormais sûr de toucher au terme de ma course avant la nuit close, je mets pied à terre pour gravir cette dernière pente. Parvenu au sommet, je découvre tout à coup Nazareth pelotonnée à mes pieds au fond d'une sorte d'entonnoir formé de collines calcaires, et ouvert seulement au sud-ouest.

Le soleil était couché. Les habitants prenaient le frais devant la porte de leurs maisons ; de beaux enfants, s'approchant de toutes parts, me souhaitaient la bienvenue. Toutefois ce n'était pas le moment de me livrer à mes impressions. Il nous restait à descendre une rampe presque à pic, encombrée de grosses pierres ou pavée de dalles glissantes. J'avais à surveiller de près mon cheval si je voulais arriver au logis avec tous mes membres ; au logis, c'est-à-dire au couvent des Franciscains, à Casa-Nova. Quelques minutes après, j'y étais. Avant de congédier mon guide, je l'engageai pour le lendemain ; puis, m'abandonnant aux soins du Frère hôtelier, je passai du réfectoire à ma chambre pour prendre quelque repos.

Les Lieux Saints ont été décrits mille fois (1) : il ne peut entrer dans ma pensée de refaire ce travail épuisé. D'ailleurs mon cadre ne comporte point de tels développements. Je m'en tiendrai donc, comme je l'ai fait jusqu'à présent, au rapide récit de mes aventures personnelles, tout en relevant à l'occasion quelques détails topographiques, quelques traits de mœurs propres à donner au lecteur une plus claire idée de la Galilée arabe.

Dès mon réveil, le lundi 30 juillet, je me rendis à l'église du couvent. Avant tout, je voulais me faire inscrire pour dire la messe à la grotte de l'Annonciation. J'étais prêt à attendre aussi longtemps, aussi tard qu'il le faudrait ; grâce à DIEU, je n'eus pas à attendre du tout. La crainte du choléra suspendant tous les départs, j'étais et je restai, pendant ces quinze jours, le seul pèlerin latin de Terre Sainte : seul à

---

1. Voir surtout le magnifique ouvrage de M. V. Guérin : *La Terre Sainte*, 7 vol. gr. in-4°. Paris, Plon.

Nazareth, seul au Thabor, seul en Judée comme en Galilée ;
circulant à ma guise, sans soucis, sans embarras, sans bagages ; choisissant mes routes, partant à mes heures, trouvant
partout les sanctuaires libres, et savourant à loisir les charmes de mon pèlerinage solitaire. Vous ne sauriez croire ce
qu'il y a d'exquis dans cette jouissance intime et paisible d'un
pays comme celui que je parcourais. La seule pensée d'une
caravane m'eût fait dresser les cheveux sur la tête.

Nazareth.

Mes dévotions à la grotte sainte une fois terminées, je me
rendis au couvent des Dames de Nazareth, où je fus reçu par
la Supérieure, Mme Giraud. Dire combien la douceur surprenante, la noble simplicité, la charité exquise de cette religieuse selon le cœur de DIEU m'édifia, serait presque une
indiscrétion. J'aime mieux m'abstenir, et profiter de cette
occasion pour adresser aux communautés de l'Institut que
j'ai vues en Galilée, et à leurs vénérées Supérieures, l'hommage de mon admiration respectueuse pour le bien qu'elles
font, et de mon éternelle reconnaissance pour leur fraternel
accueil.

Dans cette visite il fut convenu que je partirais pour le Thabor aussitôt après mon diner. En attendant, j'allai visiter la ville. Comme je tenais surtout à avoir une vue d'ensemble du berceau de JÉSUS enfant, je me dirigeai vers le sanctuaire du Tremor, d'où l'on découvre non seulement Nazareth et son agreste amphithéâtre de rochers, mais encore, par la trouée du sud-ouest, les perspectives de la plaine d'Esdrelon et jusqu'aux lointains horizons de la Samarie.

Chemin faisant, je longeai l'aire du village alors en pleine rumeur. C'est ici le cas de dire comment les fellahs arabes battent leur blé. On entasse d'abord la récolte de chaque famille en meules séparées sur le terrain commun. Puis on répand par terre, comme pour les battre au fléau, une partie des gerbes déliées. Alors, debout sur des traîneaux garnis de silex tranchants et attelés de forts chevaux, de jeunes Arabes font le manège autour de chaque meule, foulant le grain qu'on vanne ensuite. L'aire commune se subdivise ainsi en une multitude de petites aires circulaires dont l'ensemble, vu à distance, est saisissant d'originalité. Aux heures du travail, c'est une vraie ruche d'abeilles bourdonnantes. Ces enfants aux costumes pittoresques, ces chevaux lancés au trot, cette paille qui pétille sous les sabots ferrés, ces rondes acharnées en plein soleil, et, plus que tout le reste, ces notes aiguës, car tout le monde

Grotte de l'Annonciation.

chante, ces clameurs incessantes, ces coups de fouet retentissants, font de ce labeur rustique un des plus curieux spectacles qu'il soit possible d'imaginer. Je m'arrêtai quelques instants pour le contempler. L'occasion était belle : nulle part ailleurs, en effet, je ne pouvais trouver un type plus complet de l'aire galiléenne.

Au retour, je demandai à Mme Giraud ce que chantaient ces rudes moissonneurs avec tant de brio et d'entrain : « Oh ! me répondit-elle, ils improvisent, c'est l'usage ici ; et vous avez été très probablement le sujet de leurs improvisations. » Ceci confirme bien la remarque faite plus haut sur ce côté poétique du caractère arabe.

Après dîner, je ne songeais qu'à partir, lorsque la vénérable Supérieure me pria de faire une petite instruction à sa communauté : « Vous nous parlerez de saint Ignace, me dit-elle : nous l'aimons tant ! D'ailleurs c'est demain sa fête. » En effet nous étions à la veille de la Saint-Ignace. L'avouerai-je à ma honte ? loin d'avoir préparé cette coïncidence, je ne l'avais pas même prévue, et la pensée du bonheur qui m'attendait le lendemain n'avait jamais traversé mon esprit. Par une de ces maternelles attentions qui rendent muet de reconnaissance, la bonne Providence m'avait réservé pour ce jour-là, comme une joyeuse surprise, la plus insigne, la plus inattendue des faveurs : celle de célébrer la fête chère entre toutes à un Jésuite, le matin sur le Thabor, le soir au bord du lac de Tibériade. C'était donc là que tendaient à mon insu ces dispositions merveilleuses, dont la trame ininterrompue datait de plusieurs semaines ; c'était là que devait aboutir cet enchaînement de circonstances imprévues, de rencontres en apparence fortuites, ces mille incidents du voyage visiblement réglés par une puissance supérieure, et dont le but secret allait enfin se dévoiler.

Vers deux heures mon moukre se présenta, tenant en laisse ses deux chevaux. Nous allions au Thabor ; du Thabor, je comptais revenir à Nazareth, sans pousser jusqu'à Tibériade. On m'avait un peu effrayé à Beyrouth. On m'avait dit : « Il fait trop chaud ; n'allez pas jusqu'au lac : vous le verrez assez du haut du Thabor. » Peu s'en est fallu que je ne commisse cette faute.

Le Thabor s'élève au sud-est de Nazareth ; la distance est d'environ deux heures. Nous traversâmes d'abord les rues étroites et encombrées de la ville, et bientôt nous arrivâmes à la fontaine de la Vierge. Cette fontaine étant la seule de Nazareth, il n'est pas douteux que Marie n'y vint souvent chercher de l'eau, comme les autres femmes du pays : cette circonstance la rend infiniment vénérable. Sans descendre de cheval je fis halte un instant ; Francis remplit sa gourde et m'offrit à boire. Ici, comme à Cana, comme à Tibériade, comme aussi plus tard à Siloé, je trempai avec respect mes lèvres dans ces eaux que les lèvres divines ont goûtées avant moi.

La fontaine de Nazareth, ainsi que toutes celles de Palestine, comprend deux parties distinctes : la source proprement dite, recouverte d'une voûte, et à laquelle on descend par quelques degrés en pierre, et à côté, un réservoir rectangulaire en maçonnerie où l'on abreuve les animaux. A quelque heure du jour que l'on passe près de ces fontaines, on y voit de nombreuses femmes qui puisent à la source ; elle sont accompagnées de leurs plus jeunes enfants accrochés à leurs robes ; toutes parlent à la fois et paraissent très animées ; c'est à la fontaine qu'on apprend les nouvelles. De même, au réservoir, il y a toujours quelque rumeur : des chevaux, des ânes, des chameaux boivent gravement, tandis que leurs conducteurs fument ou se querellent.

A partir de la fontaine, nous cheminons sur les crêtes, à travers une lande stérile. Le paysage est loin d'être aussi beau, aussi frais que celui d'hier. Depuis Nazareth, la verdure a disparu ; on ne voit plus que la roche nue, des pierres calcinées et croulantes, quelques buissons épineux d'où s'échappent avec un cri perçant de petits oiseaux siffleurs. L'air est pur et vif ; la chaleur très supportable. Nous allons bon train, toujours dans le même ordre de bataille : Francis en tête, les jambes pendantes de chaque côté de l'énorme bât qui lui sert de selle, et moi derrière, la bride d'une main, le parasol de l'autre, regardant, jouissant, aspirant par tous les pores le parfum évangélique de ces contrées bénies.

Au bout d'une heure de marche environ, nous descendons dans un profond ravin calcaire. Nous y trouvons des puits où s'abreuvaient en ce moment de grands troupeaux de bêtes à cornes. Ce qui me frappe, ici comme ailleurs, c'est la couleur et surtout la taille de ces animaux. La vache palestinienne est presque microscopique, plus petite même que la vache bretonne, et je ne doute pas que les grandes laitières blanches du Charolais n'eussent quelque peine à reconnaître pour leurs sœurs ces Galiléennes mignonnes, noires comme la tente de l'Arabe du désert.

Au sortir de ce ravin, je vois soudain se dresser devant nous la masse imposante du Thabor, immense cône de verdure sombre, tranchant sur l'azur clair du ciel. Nous y touchons; quelques

Mont Thabor.

instants encore et la montée commence.

Ici j'arrive à un point de mon pèlerinage où la plume me tombe des mains. Comment décrire cette soirée incomparable, cette ascension radieuse, ce panorama sublime ! Comment analyser ces impressions à la fois attendrissantes et joyeuses, cette extase contenue de l'âme, ce ravissement

profond et sans secousses! Je ne puis cependant me dipensser
d'en dire un mot.

Le sentier serpente au milieu d'une forêt de chênes verts;
il est rustique et pittoresque, d'une âpreté bénigne. Tantôt
nous cheminons à travers des fourrés, dont les branches
nous effleurent légèrement le visage ; tantôt ce rideau de
verdure s'entr'ouvre, encadrant de ses plis gracieux le plus
ravissant des paysages. C'est d'abord la grande plaine d'Esdrelon, couchée à nos pieds. A la voir, avec ses carrés de
verdure semés sur un fond d'or, on dirait une riche mosaïque

La Vallée du Jourdain.

de Venise incrustée d'émeraudes. Sur la lisière de la forêt,
le petit village de Debourieh étale au grand soleil ses mai-
sonnettes grises et son aire bruyante. La ligne bleue du
Carmel court se fondre à l'ouest dans les flots bleus de la
Méditerranée. Au sud, se dresse la barrière vaporeuse des
montagnes de Samarie.

Chaque pas en avant nous découvre un site nouveau. Voici
le petit Hermon, dont les crêtes déboisées s'affaissent sur
la plaine ; puis, suspendus à ses flancs, Endor de sombre
mémoire, Naïm aux touchants souvenirs ! Plus loin, Jezraël,

antique résidence du roi Achab et de la farouche Jézabel ;
Sunam, patrie de la bien-aimée ; Engannim, veillant comme
une sentinelle jalouse aux portes des défilés d'Éphraïm ;
Gelboé et son amphithéâtre de collines désolées, arides : *nec
ros, nec pluvia veniant super vos !* Enfin, la rivière des batailles, le Cison indompté, décrivant au loin ses capricieux
méandres.

Autour de moi règne une paix si profonde, l'atmosphère
est si pure, la nature si sereine, mon âme si à l'aise, que plus
d'une fois je suis tenté d'arrêter mon cheval et de m'installer
sous un gros chêne pour contempler et jouir. Mais non : je
trouve au sentier tant de charmes ! que sera-ce au sommet ?
La vue d'une partie de la Galilée me ravit ; que sera-ce
quand j'aurai sous les yeux la Galilée tout entière ? Nous
continuons à monter.

Au bout d'une heure ou de trois quarts d'heure, peut-être
plus, peut-être moins, je n'ai pas compté, je n'y ai même pas
songé, notre ascension était finie. Franchissant par une porte
cintrée une antique muraille et des fossés comblés, restes du
temps des croisades, nous arrivons au couvent latin. C'est à
peine si je m'y arrête un instant pour me rafraîchir, tant il
me tarde de voir la vallée du Jourdain et surtout le lac de
Génésareth. Je traverse les ruines entassées sur la plate-forme
du couvent avec une indifférence qu'un archéologue eût taxée
de barbarie ; j'arrive à l'extrémité orientale du plateau. —
O surprise ! ô bonheur ! Au détour d'un dernier rempart de
maçonnerie qui me dérobait complètement l'horizon, le spectacle le plus beau, le plus touchant qui se puisse concevoir,
frappe soudain mes yeux. J'avais devant moi, baignées dans
une lumière admirablement douce et mélancolique, quoique
sans tristesse, les collines de Galaad aux teintes violettes et
cendrées, la tranchée profonde du Jourdain, la pointe septentrionale et les falaises du lac de Tibériade, les montagnes de
la haute et de la basse Galilée, toutes couvertes de chênes
verts, sauf celle de Safed, et dominées par le grand Her-

mon (1). A mes pieds la plaine de Hattine, sur laquelle se profile l'immense cône d'ombre du Thabor. J'étais seul en présence de ce tableau dont la grandeur surprenante et l'incomparable sérénité me pénétraient tout entier. Je ne sais si jamais j'éprouvai rien de pareil. Je me sentais profondément calme, mais en même temps remué jusqu'au plus intime de mon être, et cette simple exclamation : « Mon Dieu ! » murmurée comme une plainte, témoigna seule des ineffables tressaillements de mon cœur.

L'âme attendrie, les yeux mouillés de douces larmes, je m'assis alors sur un quartier de roche et récitai les premières vêpres de saint Ignace : avec quelle joie et quelle reconnaissance, on le devine sans peine. Puis, pendant les deux heures qui me restaient encore avant le coucher du soleil, je demeurai là silencieux, immobile, perdu dans une contemplation extatique. Toutefois, je ne négligeai point de fixer dans mon esprit les traits essentiels, les détails topographiques sans lesquels nos souvenirs perdent trop vite leur netteté première. J'avais d'avance soigneusement étudié sur mes cartes toute cette contrée : chaque sommet, chaque vallon, chaque pli de terrain m'était familier. Les noms se présentaient d'eux-mêmes, et je n'avais en quelque sorte qu'à enregistrer sur place, et à classer dans ma mémoire, cette nomenclature réelle des sites évangéliques.

Le soleil avait disparu depuis longtemps quand il fallut enfin m'arracher à ce spectacle. Je rentrai dans les grandes et belles salles des pèlerins, et, petit à petit, au milieu de ce vaste domaine dont j'étais seul maître, je fis mes préparatifs pour la nuit. Ces préparatifs, quoique très simples, me prirent beaucoup de temps. Je n'y étais pas. A chaque instant, je m'arrêtais en me disant : C'est donc bien vrai, je suis au Thabor ! Enfin je m'endormis le cœur gros de bonheur.

Saluer du haut du Thabor l'aube de la Saint-Ignace, quel rêve pour un fils d'Ignace ! Dès la première heure, ma pen-

1. L'Hermon a 9.800 pieds de hauteur.

sée se porta vers mes frères de France, et vers mes frères
des quatre coins du ciel. Je les voyais célébrant ensemble
cette fête de famille, même dans la dispersion ou l'exil. Et
moi, j'étais seul ! Mais qui ne m'eût envié une pareille soli-
ude, et que n'eussé-je donné pour en partager les joies avec
tous ceux qui me sont chers ! Non content de porter à l'autel
les vœux de ma famille religieuse, j'y remplis un autre de-
voir qui me parut bien doux. Saint Ignace, on le sait, fut,
malgré ses désirs, privé du bonheur de visiter la Galilée. Or,
ne semblait-il point m'avoir délégué tout exprès le jour de
sa fête pour saluer en son nom la patrie de son cher Maitre ?
Je pouvais le croire pieusement ; je l'ai pieusement cru.
Unissant donc, aussi intimement que possible, ma pensée à
sa pensée, mon cœur à son cœur, je le priai de sourire du
haut du ciel à son indigne représentant sur le Thabor, et en
témoignage de ma dévotion filiale j'intercalai l'oraison : *Deus
qui ad majorem..* dans la messe votive de la Transfiguration
que l'on dit ici, bien que le rite en soit de première classe.
Le Frère franciscain qui m'assistait ne savait apparemment
pas le latin, et d'ailleurs, l'eût-il su et eût-il remarqué cette
petite infraction aux rubriques, que mes bonnes raisons
l'eussent bien vite désarmé.

Après ma messe, je retournai à l'extrémité de la plate-
forme où j'avais joui la veille de si délicieux instants. La
cime de l'Hermon émergeait radieuse d'une nappe de brumes
lactées ; ailleurs, nulle trace de vapeur humide, mais une
limpidité parfaite, une fraicheur matinale et les clairs horizons de la Batanée et du Hauran. Je jetai un dernier regard
au lac de Tibériade, que je n'espérais pas contempler de
plus près ; puis, après un court déjeûner, j'appelai Francis et
ses chevaux. Au moment où je montais en selle, mon moukre
me propose de me ramener à Nazareth par Cana. Deux ou
trois mots d'explication, et j'accepte. C'est là que la bonne
Providence m'attendait : une journée si bien commencée
devait finir mieux encore. Je croyais retourner simplement
à Nazareth, je partais pour Tibériade.

Nous descendons. Je revois la plaine d'Esdrelon, avec ses
archipels d'ombre formés par quelques nuages floconneux, et

Ruines de Cana.

ses lacs de lumière. Nous rencontrons des pèlerins grecs
qui montaient au couvent. Arrivés au pied de la montagne,

nous laissons à gauche le sentier de Nazareth, par lequel nous étions venus, pour prendre à droite celui de Cana. Nous gravissons d'abord une pente rocailleuse ; au sommet je me retourne et salue une dernière fois le Thabor qui va disparaître. Nous franchissons la chaine abrupte des collines nazaréennes, derrière lesquelles s'étend la plaine de Touran. Cana est à nos pieds ; un chemin poudreux, entre deux haies de cactus, nous y conduit. Je vais droit au couvent. A mon grand étonnement, je n'y trouve pas de Franciscains, mais seulement un maitre et une maitresse d'école en train de faire la classe. La maitresse, ancienne élève des Dames de Nazareth, parle très bien français. Elle m'offre des rafraichissements et une chambre. Je n'accepte rien ; je viens de m'apercevoir qu'on bâtit ; je ne veux déranger personne. D'ailleurs j'aurai tout le temps de me reposer à Nazareth : « A Nazareth ! s'écrie la jeune maitresse, comment ! vous n'allez pas à Tabarieh ? il n'y a d'ici là que quatre heures de cheval. » Tabarieh c'est Tibériade. Je répondis que non, qu'il faisait trop chaud. Et cependant ces mots : « Il n'y a que quatre heures ! » tintaient à mes oreilles. Quoi ! je suis si près de Tibériade ! il est dix heures, j'y puis y être à deux heures, et je passerais sans y aller ? Quoi ! j'ai fait quatre cents lieues pour venir ici, et je reculerais devant quatre lieues de plus pour toucher au vrai but de mon pèlerinage ! On le voit, j'étais fortement ébranlé.

Nous nous étions pourtant remis en route pour Nazareth, et déjà nous passions devant la fontaine de Cana, située à l'entrée du village. Je voulais voir cette fontaine où fut puisée l'eau des outres miraculeuses. La source proprement dite n'est qu'un trou sans abri. Le réservoir n'a guère meilleure apparence ; à ce moment un petit pâtre du voisinage, en costume adamique, y lavait un bélier qui se débattait de toutes ses forces contre son jeune maitre. Dans une bucolique de Théocrite, ou comme bronze de cheminée, ce sujet ne manquerait pas de grâce ; en réalité, cette peau brune et ce bouc sale me semblèrent peu poétiques. On ne saurait cependant nier que cette scène ne fût bien arabe et parfaite de couleur locale.

Nous commençons ici à gravir le revers des collines de Nazareth. Je laisse mon guide s'engager dans le chemin pierreux ; mais mon parti était pris. Nous n'avions pas fait deux cents pas que, d'un ton ferme et décidé, je prononce ces mots sacramentels : « Osbor chouéyé! Attends un peu! » Ce disant, je retrousse vigoureusement le nez à mon cheval et l'arrête court. Francis s'approche aussitôt et le dialogue suivant, très bref mais très expressif, s'engage entre lui et moi.

Moi, le bras tendu dans la direction du lac : « Tabarieh ! » Cela voulait dire : « Nous allons à Tabarieh. » — Lui, d'un ton d'assentiment joyeux : « Tabarieh ! » — Moi, indiquant cette fois la direction contraire : « Bokra Caïffa ! Demain, Caïffa. » Cela voulait dire : « Mais il faudra demain revenir à Caïffa. » Nous étions en effet au mardi, et coûte que coûte je voulais rentrer le mercredi soir dans ce port, pour être sûr de ne point manquer le bateau de Jaffa. Voyant mon air résolu, Francis n'hésite pas. Il m'assure qu'on peut aller en un jour de Tibériade à Caïffa, en passant par Chéfa'Amr ; c'est une forte course, dix à douze heures de cheval, mais il s'en charge et répond d'arriver. Grâce à mes études préalables de géographie palestinienne, bien plus qu'à ma connaissance très imparfaite de l'arabe vulgaire, je comprends le plan de Francis ; je l'approuve du geste, et d'un : « Tayeb ! Bien ! » je retourne mon cheval, et en deux minutes nous sommes de nouveau à la fontaine de Cana. Francis y abreuve largement nos bêtes, et en route !

Nous voilà donc trottant, trottant sans répit, dans la grande plaine de Touran. De temps à autre, nous rencontrons de longues files de chameaux, car nous sommes sur la grand'route du Hauran à Saint-Jean-d'Acre ; c'est une distraction. Nous rencontrons aussi des gens de Nazareth, le fusil en bandoulière ; nous les chargeons de dire là-bas que nous ne reviendrons pas. Vers midi, nous arrivons à Loubieh, village arabe assez important. Quelque temps après nous laissons à gauche les cornes de Hattine, ou mont des Béatitudes. Là se consomma dans une bataille désastreuse

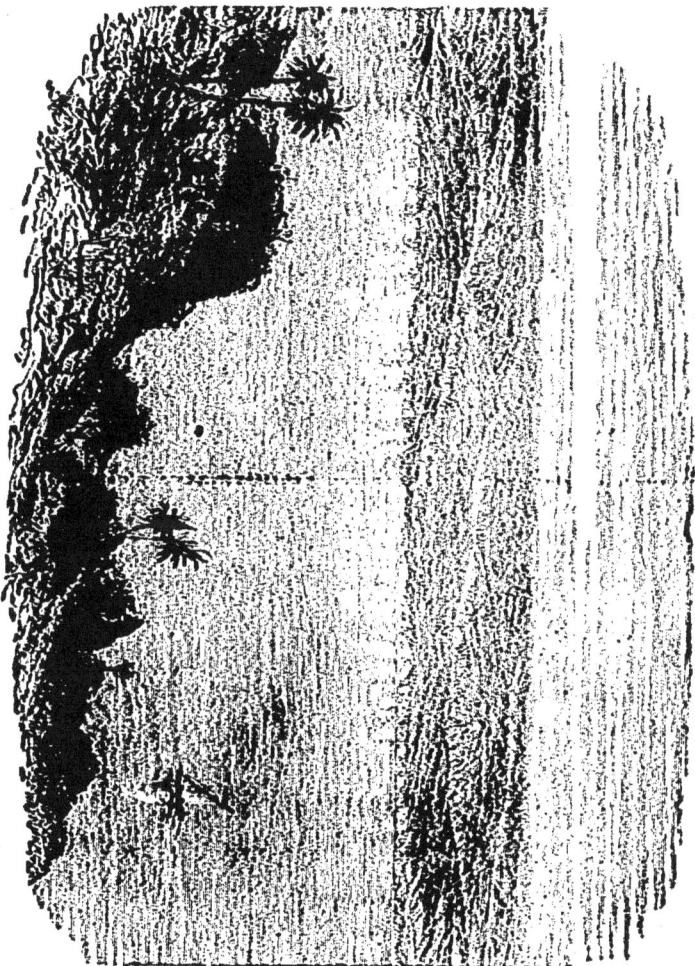

Lac de Tibériade ou mer de Galilée.

la ruine du royaume chrétien de Jérusalem (1187). Nous dépassons ce point, courant toujours dans la direction de Tibériade.

Tout à coup, vers une heure, au tournant d'un sentier, je vois à mes pieds une nappe bleue d'une franchise de couleur incomparable. Cette nappe grandit et s'étend à mesure que nous avançons. Je suis dans le ravissement et la stupeur. Je m'attendais à trouver un méchant petit lac, un cratère volcanique aux eaux ternes et grises, et j'avais devant moi le plus imposant, le plus brillant, le plus étincelant des lacs. Ni en Suisse, ni en Écosse, je n'avais rien vu de plus beau.

Il me tardait d'arriver, de fouler ce rivage béni, de tou-

Tibériade.

cher ces eaux saintes. Nous étions sur la crête ; bientôt commença la descente. La ville de Tibériade est située à 194 mètres au-dessous du niveau de la Méditerranée. Impossible de rester en selle, tant le chemin était abrupt. J'avais mis pied à terre, et les yeux fixés sur le lac toujours grandissant et sur la plaine de Génésareth, qui se découvrait à ma gauche, j'allais sans presque songer à la chaleur pourtant torride. Vers deux heures nous touchions au terme. Remontant alors à cheval, nous faisons notre entrée dans la

ville à travers les remparts ruinés par le tremblement de terre
de 1837, et presque aussitôt nous arrivons au couvent des
Franciscains, où le Père Luc me reçoit de son mieux.

Le couvent est sur le bord du lac. De l'intérieur on entend le clapotement des vagues ; de toutes les fenêtres on
plonge sur les flots bleus. Il y avait là de quoi me faire
prendre patience pendant le repos que la prudence m'imposait ; mais il y avait là aussi de quoi aiguiser mes désirs.
Enfin, me sentant parfaitement sec, je vais me promener sur
la grève. Une foule de petits Arabes s'y baignaient bruyam-
ment ; ce tumulte ne cadrait guère avec mes pensées , il me
fallait le silence et la solitude. Je revins au couvent, et du
haut de la terrasse, je contemplai à loisir le panorama qui se
déroulait devant moi. L'atmosphère était si pure qu'il me
semblait toucher de la main la rive orientale du lac et ses
falaises abruptes ; au nord, je distinguais clairement l'embouchure du Jourdain, et un peu plus bas, l'emplacement des
villes de Bethsaïde et de Capharnaüm. Le Père Luc m'avait
rejoint ; il paraissait heureux de me faire remarquer les
moindres détails. Le bon vieillard s'est identifié en quelque
sorte avec ces rivages bénis ; il les aime d'un amour véritablement passionné ; il veut expirer en vue de son cher lac.
Hélas ! l'œuvre de la mort, activée par un climat dévorant,
me sembla déjà bien avancée pour lui.

Descendu de la terrasse, je visitai la ville. Je la trouvai
pleine de Juifs polonais. Pour la première fois, je voyais ce
costume singulier auquel je dus plus tard m'habituer en
Galicie : la longue lévite noire, et surtout les pejsy ou bou-
cles de cheveux qui, tombant de chaque tempe, encadrent si
étrangement le visage. La gloire des anciennes écoles rabbi-
niques de Tibériade s'est depuis longtemps éclipsée ; la colonie israélite n'en reste pas moins florissante et nombreuse.
On le peut croire, la ville n'y gagne pas en propreté. Tibériade présente l'aspect le plus sordide ; les rues sont sales
au-delà de toute expression, les maisons infestées d'insectes

parasites. Au dire des habitants eux-mêmes, c'est ici le séjour préféré de la Reine des puces. J'eus vite parcouru ce cloaque ; il me tardait de respirer un air plus pur. Je sortis par la porte du nord, et m'en allai seul faire ma promenade du soir du côté de Magdala.

Le soleil baissait ; l'atmosphère, jusque-là embrasée, s'était subitement rafraîchie. Je marchais à l'ombre des hautes collines qui bordent le lac, tantôt foulant avec délices les cailloux de la plage, tantôt remontant sur le chemin battu, et m'arrêtant pour tout voir et tout goûter à loisir. La chaîne abrupte serre de si près la rive qu'elle y laisse à peine un étroit sentier : j'étais sûr que Jésus avait passé là même où je posais le pied. J'allais sans compter mes pas ; j'allais sans hâte, comme sans désirs. Désormais, au comble de mes vœux, immergé dans mon bonheur, que pouvais-je chercher encore ? Je tourne un petit cap : me voici près de Magdala, patrie de sainte Marie-Madeleine. Ici, la rive s'infléchit sensiblement vers l'ouest, le golfe se creuse. Une forte brise, soufflant de la plaine de Génésareth, fouettait les flots clairs ; le lac, pareil à un fleuve immense, roulait avec le bruit des grandes eaux. Le long du bord, un ourlet de petites roches grises, des fourrés de lauriers-roses, çà et là quelques jeunes saules penchés sur des touffes de lavande. Le soleil inondait d'une poussière d'or les falaises orientales ; au loin rayonnait l'Hermon !

Je crois que je serais resté là jusqu'à la nuit close, oubliant tout, m'exposant à tout, si soudain la voix rude et menaçante d'un Arabe sorti d'une grotte voisine ne m'eût rappelé à moi-même. Je ne sais ce que cette voix disait, mais je compris qu'il était temps de me rapprocher de la ville. Le soleil allait bientôt se coucher ; je ne pouvais m'attarder dans ce lieu solitaire.

Je revins donc sur mes pas, continuant à savourer les charmes de cette divine soirée. Toutefois, en vue de Tibériade, je m'arrêtai une fois encore. Je me déchaussai, j'entrai

dans le lac, et m'assis à quelque distance sur une roche
presque à fleur d'eau. Là je bus à longs traits, je me lavai le
visage, je plongeai mes bras dans ces eaux bien-aimées. Et
puis enfin il fallut partir. Je m'arrachai lentement à ce rivage,
où mon cœur est resté, et repris la route du couvent. La nuit
était venue, mais j'avais ce jour-là recueilli des souvenirs
que la nuit de la mort pourra seule effacer.

Rentré dans ma
chambre, j'achevai
l'office de saint
Ignace commencé
la veille sur le Tha-
bor, et tirant mon
carnet de voyage,
j'y inscrivis la date
du plus beau jour
de ma vie : 31 juil-
let 1883.

Chameaux.

Mon intention
était de profiter de
la fraicheur pour notre course du jour suivant ; j'avais en
conséquence donné l'ordre à Francis de m'amener ses
chevaux à deux heures du matin. En l'attendant, je me jetai
tout habillé sur mon lit,
où je ne pus fermer
l'œil. Mais qu'importe !
A l'heure dite, nous
partions.

Ane oriental.

Le soleil à son lever
nous retrouva près du
village de Loubieh. Là,
nous primes un sentier
qui longe au nord la
plaine de Touran ; après
une longue marche, nous traversâmes le village de ce nom.
Deux heures plus tard, nous laissions à gauche la ville de Sé-

phoris, bâtie sur une haute montagne, et nous entrions dans la plaine de Battouf. Nous suivions la route du Hauran à Saint-Jean-d'Acre. De cette ville arrivait en ce moment une immense caravane de chameaux: plusieurs milliers peut-être. C'étaient des files interminables, parfois cinq ou six de front, se déroulant comme les serpents de Laocoon sur la plaine déserte. Le spectacle était on ne peut plus pittoresque. Ces masses profondes à la marche silencieuse, cette armée de têtes mélancoliques, ces longs cous tendus en avant, ce grave carillon de clochettes paresseuses, ces petits ânes à l'air guilleret trottinant devant chaque file, ces chameliers sauvages, la bouche cachée sous les replis de leur pesant kéfié brun, et oscillant sur leurs montures comme un canot sur les vagues, ces marchands arabes aux costumes éclatants courant à cheval le long des flancs de la caravane, tout semblait réuni comme à plaisir pour donner à ce tableau plus de grandeur et d'originalité. Toute la poésie du chameau était là, encadrée par la poésie du désert (1).

Bientôt ce spectacle redouble encore d'intérêt. Remontant le courant de cette *inundatio camelorum*, nous arrivons à la fontaine Bédouine, où l'on abreuvait les chevaux de la caravane. Cette fontaine est un énorme massif de maçonnerie, de forme circulaire, construit au-dessus des sources et haut d'environ huit pieds. Debout sur ce massif, quatre ou cinq Bédouines, vêtues de leur habit de toile bleue, la poitrine ornée d'amulettes d'argent, puisaient sans relâche l'eau que des canaux amenaient dans de grandes auges disposées en éventail autour du réservoir central. La physionomie étrange de ces femmes travaillant en plein soleil sur cette espèce d'estrade, tirant et renversant leurs seaux avec une vigueur toute virile, avait de quoi frapper l'imagination la plus paresseuse. Nous nous approchâmes pour faire boire nos chevaux.

1. Au lieu de sabot, les chameaux ont sous le pied une semelle lisse qui s'applique sans bruit sur le sol. Pour avertir de leur présence, ils portent au cou une clochette qui tinte lentement. Ils vont toujours par files, attachés l'un à l'autre par une corde. En tête de chaque file marche un âne ; sans ce guide, dont l'autorité est incontestée, le chameau refuserait d'avancer.

Mais comme on ne doit passer qu'à son tour, et par ordre
d'arrivée, un Arabe voulut arrêter Francis ; les autres cependant lui ayant fait signe, cet homme se retourna, et, m'apercevant, nous laissa avancer. Ce n'était pas, croyez-le, une
petite faveur, et je comprends parfaitement que les querelles
aient dû être fréquentes entre les bergers de l'âge patriarcal,
lorsqu'il s'agissait d'abreuver leurs immenses troupeaux.

De la fontaine Bédouine à Chéfa'Amr nous suivîmes un
sentier sans intérêt. Je ne savais plus quelle position prendre
sur ma selle, tant j'avais les reins brisés. Enfin nous arrivâmes à ce joli village, d'où la vue sur la plaine de Saint-Jean-
d'Acre et sur la côte de Tyr est vraiment ravissante. Après
un repos de deux heures environ au couvent des Dames de
Nazareth, je remontai à cheval ; c'était notre dernière étape.
Nos bêtes le sentaient et allaient bon train ; plus d'une fois
même, qui le croirait ? Bucéphale dépassa Pégase. Nous
courûmes ainsi droit à la mer ; puis, nous rabattant vers le
sud, nous longeâmes le rivage à travers les dunes et les
palmiers. Enfin nous rentrâmes à Caïffa.

En apprenant l'heureux succès de mon excursion, tout le
monde me félicita d'avoir si bien employé mon temps. Pour
moi, je ne songeais qu'à reprendre la mer dès le lendemain ;
mais le bateau attendu ne vint pas. La Providence avait
jugé qu'il me fallait un jour entier de repos. Je me reposai
donc toute la journée du jeudi, parmi les âpres senteurs des
algues marines et des varechs du rivage, et couronnai le
tout par un excellent bain au pied du Carmel.

Le vendredi, 3 août, à sept heures du matin, le « Daphné »,
bateau du Lloyd Autrichien, entrait en rade, appelant les
voyageurs de son sifflet strident, et répétant sur tous les
tons : En route, Pèlerin, en route pour Jaffa !

III. — Jérusalem.

APRÈS deux heures d'arrêt, le « Daphné » reprenait sa course, m'emportant à son bord. Nous allions côtoyer la plaine de Saron. Cette plaine, comme on sait, s'étend sur une longueur de près de vingt lieues entre le Carmel et Jaffa. Vue de la mer, elle présente au voyageur un aspect uniforme et presque monotone. En vain mes yeux, s'y reportant sans cesse, cherchaient-ils quelque variété : c'étaient toujours les mêmes teintes, le même horizon. Au premier plan, une ligne de dunes blanchâtres ; derrière, un tapis de verdure terne et poussiéreuse ; au fond, et parallèle à la mer, la chaîne serrée et pesamment symétrique des montagnes d'Éphraïm. Rien dans cette chaîne ne fait saillie ; rien n'y rappelle les gracieuses dentelures de l'Ida, les masses bizarres et pourtant si harmonieuses du Taurus. C'est un mur bleu, sans reliefs, sans vie.

La fertilité du sol compense toutefois ce défaut de grâce. Le Saron fut jadis la Beauce de la Palestine. Il pourrait l'être encore si la rapacité des tribus pillardes qui l'infestent et l'incurie du gouvernement n'y rendaient toute culture impossible. L'eau abonde partout dans la plaine. Outre plusieurs rivières, on y trouve de nombreux torrents dont les noms arabes sont pour la plupart empruntés aux productions de leurs bords : le torrent des Palmiers, le torrent des Lauriers-Roses, le torrent du Miel, le torrent des Figues, le torrent des Roseaux, le torrent des Chênes, le torrent des Fourmis. Il y a aussi le torrent du Bonheur et celui de la Victoire.

Au temps de JÉSUS-CHRIST, de populeuses cités florissaient dans le Saron ; la plus importante était Césarée. Bâtie par Hérode le Grand, cette métropole romaine de la Palestine déployait sur le bord de la mer l'architecture antimosaïque de sesamphithéâtres et de ses palais. Demi-juive, demi-païenne,

elle servait de trait-d'union entre le monde occidental et
l'Orient religieux. Le gouverneur de la province y résidait,
avec l'état-major de l'armée d'occupation. Hérode Agrippa y

Jaffa.

tint sa cour; S. Pierre y baptisa le centurion Cornélius; saint Paul y fut à diverses reprises l'hôte de Philippe l'Évangéliste, et plus tard, le fier prisonnier de Félix et de Festus (1). Mille autres souvenirs se rattachent à cette ville et à son port, dont il ne reste plus aujourd'hui que quelques ruines informes.

L'antique Joppé, ou Jaffa, résista mieux aux coups du temps et du destin. Accoudée sur sa poétique colline, blanche, souriante, elle n'a rien perdu des charmes qui lui valurent son nom (2). Nous la saluons avec bonheur comme l'avant-courrière de Jérusalem. Il est près de quatre heures. Notre traversée touche à son terme.

Parmi les passagers du « Daphné » se trouvait un Bethléémite qui retournait dans sa patrie. Avant de quitter Caïffa, où nous nous étions rencontrés, je l'avais prié de faciliter mon débarquement à Jaffa. La précaution n'était pas inutile. A peine eûmes-nous jeté l'ancre que le pont du paquebot fut en un clin d'œil envahi par une nuée de bateliers arabes hurlant, bondissant, se disputant nos personnes et nos bagages avec un acharnement sans exemple. Dans cette indescriptible bagarre, me confiant à mon Bethléémite, je le suivais à poings fermés. Plus d'une fois, violemment séparé de lui par la foule houleuse, je l'eusse perdu de vue sans son vaste turban qui brillait devant moi comme un phare. Enfin nous descendîmes dans la paisible barque d'un patron chrétien, qui nous tira de cette cohue et nous fit aussitôt franchir l'étroit goulot du port.

Je vous laisse à penser quelle fut ma joie de me retrouver en terre ferme et en terre sainte. Débarrassé, grâce à un léger bakchiche, des importunités tracassières de la douane, je me dirigeai vers le couvent des Franciscains, situé à quelques pas. Au moment où j'allais y entrer, un Israélite m'aborde et me propose une voiture pour Jérusalem : « Une voiture pour

1. Actes XXI, 8 ; XXIV 27.
2. Yafa signifie en hébreu belle, gracieuse.

Jérusalem, Monsieur ; départ à cinq heures ; prix : cinq frs.
Voici deux francs d'arrhes. » Et ce disant il me met l'argent
dans la main. Ne comprenant rien à un pareil système, trouvant même ces avances quelque peu suspectes, je refusai
d'abord de m'engager ; mais ensuite, complètement rassuré
par le charitable hôtelier du couvent, Fra Giovanni, je résolus de profiter de l'occasion qui se présentait. A cinq heures,
j'étais au rendez-vous.

Notre équipage, il faut l'avouer, ne faisait pas grande
figure : c'était un lourd chariot décoré du nom de *carrozza*,
avec trois misérables haridelles le nez entre les jambes et un
cocher arabe déguenillé. Cependant le luxe d'une pareille
voiture est ici quelque chose de nouveau, et à voir comme
ces braves gens se rengorgent en parlant de leur carrozza,
on sent que ce véhicule antédiluvien représente pour eux le
nec plus ultra de la civilisation.

Bientôt nous fûmes installés, mes compagnons et moi.
J'étais sur le second siège avec un prêtre grec. « Iallah ! »
crie l'Israélite : « Iallah ! » répond le cocher. Iallah ! signifie « En route ! » Aussitôt les coups de fouet et de manche de
fouet pleuvent sur nos pauvres bêtes. Malgré de délicieux
bosquets d'orangers qui bordent le chemin, nous roulons
péniblement dans le sable. Enfin le sol s'affermit ; l'air du
soir ranime nos maigres coursiers ; leur allure devient plus
vive ; nous approchons des montagnes de Judée. A Ramleh,
où nous n'arrivons qu'à la nuit close, notre automédon arrête
son attelage devant la boutique d'un cafedji ; pour moi, je
vais me réfugier au couvent des Franciscains, où un superbe
nègre me reçoit et me donne à souper. Au bout d'une heure,
« Iallah ! En route ! » nous reprenons notre course à travers
un chemin rocailleux. Minuit nous trouve à Bab-el-Ouad.
Nouvelle halte en face d'une hôtellerie digne de ces lieux
sauvages ; nouvel essor du char boiteux.

A partir de ce moment le voyage devint pour moi une
véritable torture. Les violents cahots de la carrozza m'avaient

depuis longtemps désarticulé tous les membres ; maintenant
il fallait lutter contre le sommeil, car, avec des sièges aussi
primitifs que les nôtres, je pouvais d'un moment à l'autre me
réveiller sur le pavé de la route. De plus, une rosée abon-
dante commençait à tomber et nous mouillait de la tête aux
pieds. Dans de pareilles conjonctures, je ne trouvai rien de
mieux à faire que de m'attacher solidement au siège avec
une courroie ; puis, soigneusement enveloppé dans mon manteau, je m'abandonnai à la garde des bons anges.

J'avoue qu'au bout de quatre heures de cet intolérable
supplice, je ne savais plus si j'étais du nombre des morts
ou des vivants. Heureusement le soleil levant vint me rendre un peu de ton. Bientôt même, grâce à l'intéressant horizon qui se déroulait devant nous, je fus complètement éveillé.
Nous approchions du point le plus pittoresque de la route,
je veux dire la grande vallée du Térébinthe qui s'ouvre
comme une immense tranchée, comme un fossé gigantesque
au pied du plateau de Jérusalem. Cette vallée court du nord
au sud, elle tourne ensuite brusquement à l'ouest devant le
gracieux village de Saint-Jean du Désert (1), dont je distingue à ma droite les maisons et l'église de teinte rougeâtre.
La vallée du Térébinthe est le lieu traditionnel du combat de
David contre Goliath. Nous traversons sur un pont de pierre
le torrent où le jeune pâtre de Bethléem ramassa les cinq
cailloux polis qu'il mit dans sa pannetière : *quinque limpidis-
simos lapides de torrente* (2). Nous laissons à gauche,
suspendu aux flancs d'une colline, le village de Koulonia,
l'Emmaüs de l'Évangile.

Ici commence, après une dernière halte, l'ascension abrupte
des derniers sommets qui servent de piédestal à la cité sainte.
Quelques lacets en adoucissent la pente. Nous marchons
pêle-mêle avec d'autres carrosses, du même genre que le
nôtre, et avec les lourds chariots de la colonie allemande de

1. Ain Karim.
2. I Reg. XVII, 40.

Sarona. Les hommes ont mis pied à terre ; les femmes, étendues sur des matelas, continuent leur somme, ou font une
toilette sommaire. Vers huit heures nous atteignons la crête.
Alors tous les fouets claquent, tous les chevaux sont lancés
au galop. Nous brûlons le pavé du faubourg, où de misérables
guinguettes font face aux massives constructions de la colonie
russe. Enfin, au dernier détour, paraissent devant nous les
vénérables créneaux de Jérusalem.

Je descends de la carrozza, disloqué, rompu ; heureux pourtant, et rendant grâces à DIEU. J'entre par la porte de Jaffa,

Jérusalem, de la route de Béthanie.

encombrée d'ânes et de chameaux ; je laisse à droite la tour
de David, aujourd'hui, hélas ! citadelle turque. En trois minutes, j'arrive à Casa-Nova. Mes papiers exhibés, on me
conduit au couvent de Saint-Sauveur, où je dis la messe, car
j'étais resté à jeun ; je rentre ensuite pour me reposer un peu,
et puis, avec une émotion bien légitime, je m'apprête à faire
ma première sortie dans la Ville Sainte.

L'église du Saint-Sépulcre n'étant point encore ouverte aux

Église du Saint Sépulcre.

La Bosphore au Jourdain,

latins (1), je me dirigeai d'abord vers la porte de Damas, et remontai jusqu'à son extrémité la rue principale qui traverse la ville du nord au sud. Je n'avais point voulu prendre de guide, afin de ne rapporter de cette course préliminaire que des impressions entièrement personnelles. Je rentrai, je l'avoue, un peu déconcerté. Je m'attendais à trouver une ville irrégulière et malpropre, mais pas irrégulière et malpropre à ce point ; je savais d'avance qu'une partie des rues sont obscures et voûtées, mais je ne les imaginais ni si noires, ni si infectes ; on m'avait parlé d'une atmosphère pesante, je la trouvais oppressive. Les villes orientales rachètent d'ordinaire par quelques beautés pittoresques leur manque d'ordre et de propreté : Jérusalem est laid sans compensation.

Après ce coup d'œil sur l'intérieur, il me tardait d'avoir une vue d'ensemble de la cité et de ses environs. Je me rendis dans ce but à l'établissement des Frères des Écoles chrétiennes qui domine Jérusalem tout entière, et, du haut de leur terrasse, j'eus pour la première fois sous les yeux ce panorama profondément mélancolique : une ville caduque, morne, pareille à un monceau de ruines ; à l'est, une colline au front chauve, plantée de quelques maigres oliviers ; comme cadre à ce tableau, un vaste désert de pierres grises ! Seules les montagnes de Moab, s'élevant comme un dais de brume violette sur la creuse vallée du Jourdain, saisissent l'esprit et fixent le regard. L'impression générale est terne et confuse comme le paysage. Nous sommes loin des horizons tranchés et radieux de la Galilée ! Aussi bien n'est-ce point pour les horizons que l'on vient ici, et le touriste y doit partout faire place au pèlerin.

Vers trois heures les portes du Saint-Sépulcre s'ouvrirent enfin. Je pénétrai avec respect dans la vénérable basilique, et me rendis droit au divin Tombeau. Les Grecs nasillaient

1. Les Grecs, maîtres presque absolus des lieux saints, en ferment comme bon leur semble les portes aux Latins. Il arrive ainsi souvent qu'on ne peut pénétrer dans l'église du Saint-Sépulcre avant trois ou quatre heures de l'après-midi.

encore leur interminable office ; les Coptes murmuraient d'un
air recueilli leurs chants plaintifs. La foule allait et venait
sous la coupole, bruyante, confuse ; on entendait de toutes
parts le bruit des conversations. J'entrai à mon tour dans la
chapelle de l'Ange, puis, par une porte basse, je me glissai
dans le Sépulcre. De nombreuses lampes y brûlent sans
cesse ; l'atmosphère chargée d'épaisses vapeurs me parut
lourde et fumeuse ; un moine à barbe blanche, immobile
comme une statue, se tenait debout au fond de l'étroit réduit
Je m'agenouillai, je collai mes lèvres sur la table de marbre
qui recouvre le rocher, et après avoir laissé mon cœur s'épan-
cher quelques instants, j'allai dans un coin obscur de l'église
chercher la solitude et le silence, pour y savourer mon bonheur à loisir. Appuyé contre un pilier, méditant et priant,
j'attendis en paix l'heure de la procession quotidienne des
Pères Franciscains.

Cette procession, dont j'ai conservé le livret imprimé, part
de la chapelle de la Vierge, réservée aux Latins, et parcourt
successivement les douze stations suivantes : la Colonne de
la Flagellation, la Prison du Calvaire, le lieu du Partage des
Vêtements du Sauveur, celui de l'Invention de la Sainte
Croix, la Chapelle souterraine de Sainte-Hélène, la Colonne
du Couronnement d'Épines, le Calvaire, le lieu où fut plantée
la Croix, la Pierre de l'Onction, le Saint Sépulcre, l'endroit
où Notre-Seigneur apparut à sainte Magdeleine, enfin, la
Chapelle de la Vierge où l'on croit qu'il se montra à Marie,
sa Mère. La cérémonie dure environ une heure, juste autant
que le petit cierge de cire jaune que chacun porte à la main.
En allant d'un sanctuaire à l'autre, on chante ; à chaque
station on s'agenouille, et le célébrant récite les prières indi-
quées. Tout le monde baise la terre au mot « *Hic*, ici ! » qui
se trouve dans la plupart des oraisons.

Vers quatre heures, la procession se mit en marche. Je me
joignis au cortège, et fis ainsi, à la suite des Pères Franciscains, le tour de la basilique. Les prières liturgiques m'ex-
pliquaient successivement chacun des lieux que nous parcou-

Jérusalem. — Arc de l'Ecce Homo.

rions. Cela valait bien les phrases banales d'un cicerone.

En arrivant sur la plate-forme du Calvaire, à laquelle on accède par un escalier grossièrement taillé dans le roc, je sentis un frisson courir dans mes veines. On chantait :

O Crux, ave, spes unica,
Hic CHRISTI tendens brachia,
Auge piis justitiam
Reisque dona veniam.

Piscine de Siloé.

Toutefois cette impression n'était que le prélude d'une émotion plus forte. Au moment où, après la procession, nous rentrions dans la Chapelle de la Vierge en entonnant les litanies, mes yeux subitement se remplirent de grosses larmes,

et je sentis mes genoux fléchir. J'avais vu tout à coup à travers ces scènes funèbres de la Passion du CHRIST, au milieu de
ces cris de douleur et du deuil de cette mort tragique, m'ap-
paraître les rives paisibles du lac de Génésareth, avec sa
brise et ses flots clairs, ses lauriers-roses et ses roches grises,
son horizon de montagnes bleues! Ce contraste entre la douce
Galilée et cette sombre Jérusalem, entre les vertes campa-
gnes où JÉSUS enseignait et ces froides pierres où il fut couché, entre les chants rustiques de l'aire de Nazareth et les
clameurs homicides du prétoire, m'avait si brusquement saisi
que je fus près de défaillir. Un héroïque effort put seul
refouler mes sanglots et maîtriser cette émotion, la plus vive,
la plus profonde que j'eusse éprouvée jamais.

Pour couronner cette première journée, si bien remplie
déjà, j'allai, du haut de la terrasse des Frères, assister au
coucher du soleil. Je ne m'attendais point aux merveilles de
Phalère; j'espérais cependant quelques-unes de ces splen-
deurs vespérales dont le ciel d'Orient est si prodigue. Mais
la nature ici semble condamnée à une éternelle tristesse, et
ces heures du soir, ailleurs si radieuses, n'offrent à Jérusalem qu'un spectacle uniformément terne et morose. La pâle
cité ne tressaille point sous les flots de lumière qui l'inon-
dent; les rayons de l'astre qui va disparaître glissent sur
son front de pierre comme sur un linceul. Aucune teinte ne
colore l'horizon calciné; aucune nuance n'en assouplit la
raideur monotone. A peine les montagnes de Moab s'em-
pourprent-elles de quelques feux; et soudain la nuit tombe,
muette et sépulcrale.

Le lendemain, dimanche (5 août), je dis la messe au Calvaire. Le rocher du Calvaire s'élève au-dessus du sol de
l'église à une hauteur d'environ cinq mètres. Un autel mar-
que l'endroit où Notre-Seigneur fut crucifié; un autre, celui
où fut plantée la croix. Tous deux appartiennent aux Grecs.
Ici comme partout les Latins sont réduits à un humiliant
vasselage; ils doivent se contenter d'un autel portatif placé

à égale distance des deux autres. Mais qu'importe ! j'avais le bonheur d'offrir le redoutable sacrifice là même où il se consomma. Que pouvais-je désirer de plus ? Inutile d'ajouter qu'au Calvaire, comme au Thabor, comme à Nazareth et plus tard à Bethléem, les noms de ceux qui me sont chers montèrent un à un de mon cœur à mes lèvres. Les droits de la famille, les liens de l'amitié, les devoirs de la reconnaissance, rien ne fut oublié ; j'en atteste Celui qui, du haut du ciel, entend l'humble prière du pèlerin.

Le moment était venu de visiter en détail cette ville touffue, si petite par la place qu'elle occupe, si grande par les souvenirs qu'elle rappelle (1). Je me proposais de faire d'abord le tour extérieur des remparts, réservant l'intérieur pour une autre course. A huit heures, le drogman, ou guide-interprète que j'avais engagé, se présenta à Casa-Nova. Nous partîmes aussitôt nous dirigeant vers l'est. J'esquisse rapidement notre itinéraire (2).

Suivant d'abord la Via Dolorosa, nous passons sous l'arc de l'Ecce Homo, puis, laissant à droite la piscine Probatique, entièrement desséchée, nous arrivons à la porte St-Étienne. De là nous descendons dans la vallée de Josaphat ; je visite le Tombeau de la Vierge, immense église souterraine appartenant aux Grecs ; je m'arrête au jardin de Gethsémani et vénère ses antiques oliviers (3). Puis, tournant au sud, nous longeons le lit du Cédron jusqu'à la fontaine de Siloé. Cette fontaine déversait autrefois ses eaux dans la piscine de même nom, située un peu plus loin. On y descend par un double escalier de pierre ; l'eau en est très fraîche, mais un peu sau-

1. Jérusalem est située sur un promontoire escarpé qui se dresse au confluent des deux vallées de Josaphat et d'Hinnon, profondes à leur point de contact d'environ 100 mètres. Aucun des côtés de ce plateau presque rectangulaire n'atteint un développement d'un kilomètre. Sur une surface aussi restreinte la population n'a jamais pu être portée aux chiffres fantastiques de Josèphe. Elle est aujourd'hui de 25.000 habitants, dont 13,000 musulmans, 7.000 chrétiens et 5,000 juifs. Aucune autre ville d'Europe, mieux que Luxembourg, ne peut donner une idée de la situation de Jérusalem.

2 Un plan de Jérusalem est indispensable pour suivre ces brèves indications.

3. Il en reste encore huit.

mâtre. On trouve ici de beaux jardins. A partir de ce point,
nous remontons vers la ville à travers la vallée de Géhenne

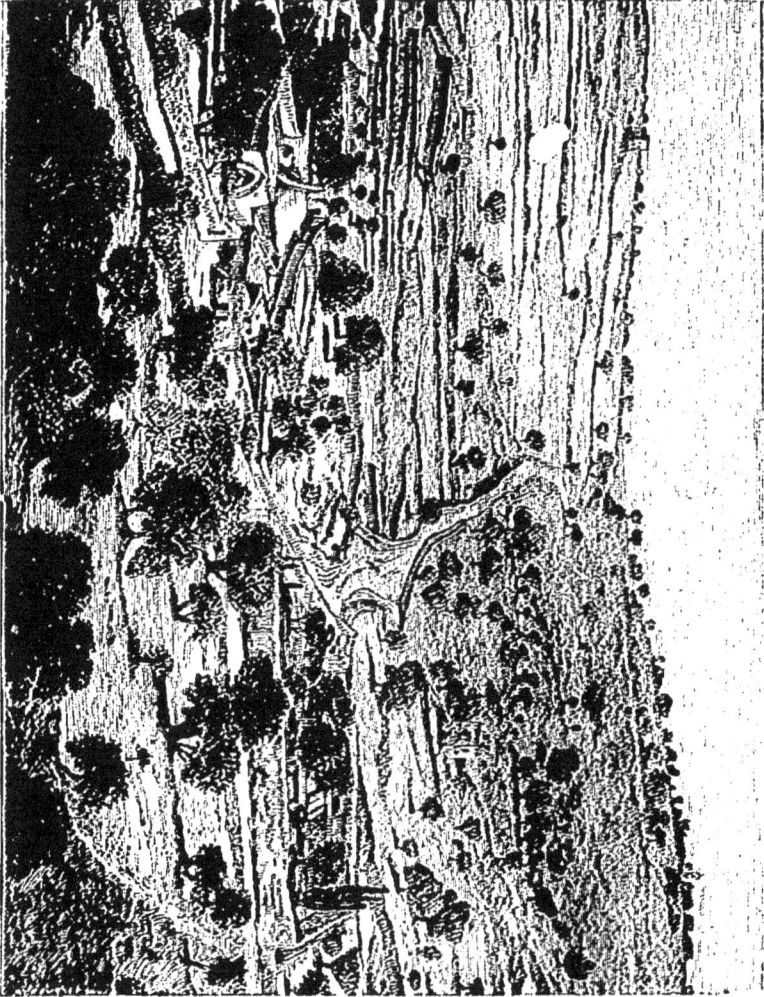

Mont des Oliviers.

(Ghé Hinnom), horriblement escarpée et brûlante. La rencontre d'une troupe de Bédouins armés, qui retournaient à
leur campement de la mer Morte, fit heureusement diversion

à la fatigue que j'éprouvais. Leurs longues lances, leurs cavales sauvages, leur costume pittoresque, et, plus que tout cela, leur physionomie douce et régulière, m'intéressèrent vivement. Néanmoins, en arrivant à la porte de Jaffa, j'étais plus mort que vif, et quelques heures de repos ne furent point de trop pour réparer mes forces épuisées.

Dans l'après-midi, je fis une longue et instructive visite au frère Liévin (1). L'entretien roula principalement sur ses dernières fouilles à Bethphagé, sur l'aqueduc de la fontaine

Haceldama.

de Siloé, qu'il explora un des premiers au péril de sa vie, sur les cartes du *Palestine Fund*, et sur une stèle dont l'histoire mérite d'être rapportée.

Il s'agit d'une de ces stèles, ou colonnettes, placées jadis dans le parvis extérieur du Temple, et sur lesquelles était gravée en grec la défense, sous peine de mort, pour tout incirconcis, de pénétrer plus avant. Ayant su que ce trésor

1. Le F. Liévin, Franciscain belge, né à Hamme (Waes), est l'auteur d'un des guides de Terre Sainte les plus estimés.

épigraphique se trouvait dans la cour d'une maison musul-
mane attenant à la mosquée d'Omar, le frère Liévin se mit
aussitôt à sa recherche. On négocia. Les propriétaires étaient
tout disposés à vendre cette pierre, pour eux de nulle valeur ;
mais la chose devait rester secrète, sans quoi le Pacha s'en
fût mêlé. Comment faire ? Au dire de ces gens, il n'y avait
qu'un moyen : organiser une fête pour leurs femmes, les en-
voyer à la campagne, et pendant leur absence enlever la
stèle. Ce plan fut adopté et mis à exécution. Les femmes
partirent. Malheureusement, une pluie torrentielle les ayant
obligées à rentrer plus tôt qu'on ne pensait, il fallut recourir
à un nouvel expédient. On convint de venir la nuit, et d'agir
dans le plus grand silence. Liévin conduisait lui-même son
équipe d'ouvriers. A l'heure dite, il entre sans bruit dans la
cour. Tout à coup il s'arrête : il venait d'apercevoir des
masses grisâtres étendues sur le sol. C'étaient des soldats
turcs. Il fallait cette fois renoncer à l'entreprise. Dès le lendemain, le Pacha faisait transporter au sérail la stèle en question, comptant bien la vendre à son profit. Où est-elle maintenant ? Peut-être aux mains d'un acquéreur heureux, et c'est
la conviction de M. Clermont-Ganneau que, dès qu'il y aura
prescription, elle reparaîtra au grand jour (1). Le frère Liévin, à l'époque dont je parle, pensait qu'on pourrait peut-être
la retrouver au musée de Stamboul. Il m'avait prié de prendre
à Constantinople les informations nécessaires. Je m'en étais
chargé d'autant plus volontiers que je connaissais alors un
des principaux employés du musée. Mais l'homme propose
et DIEU dispose : je n'ai pas revu Constantinople, et l'affaire
en est là.

Le lundi, 6 août, j'allai dire la messe à la Grotte de l'Ago-
nie, près du jardin de Gethsémani. Au retour, j'entrai à
Sainte-Anne, où les Pères d'Alger me reçurent fort bien.
Sainte-Anne est, comme on sait, terrain français ; mais ce
que l'on sait moins, c'est qu'il paraît prouvé qu'à l'angle nord-
ouest de l'église se trouve l'emplacement de la piscine Pro-

1. Voir *Palestine Exploration Fund*, Quarterly Statement, January, 1884.

batique. Des fouilles pratiquées là ne laissent, dit-on, aucun doute sur cette importante découverte.

Dans le courant du même jour, je complétai avec mon drogman la visite de la cité. Je voulais cette fois sortir par la porte de Sion, me rendre bien compte de la configuration du plateau sur lequel était bâtie l'ancienne ville, rentrer ensuite par la porte Sterquiline, et voir de ce côté la vallée du Tyropéon et les restes du Temple. Passant rapidement sur cette excursion comme sur la précédente, je me contenterai de transcrire ici quelques notes de mon carnet :

« Soir du 6 août. — Visite de l'intérieur de la ville. Quartier arménien, propre et bien bâti. Porte de Sion : quatre lépreuses accroupies snr le chemin. Cénacle : on me montre une ancienne église ogivale. Coin sud-ouest du plateau, semé de tombes chrétiennes : talus escarpé, vue sur le cours supérieur de la vallée d'Hinnom, et sur le Birket-es-Sultan ; au-delà, route blanche de Bethléem, Haceldama et ses sombres grottes, le mont du Mauvais Conseil. Sud-est : confluent des deux vallées de Josaphat et d'Hinnom ; chemin de Mar-Saba avec son campement de lépreux, village de Siloam. Entre le Moria et Sion, pentes prolongées d'Ophel, étagées en terrasses et bien cultivées. Le long du rempart, aqueduc en maçonnerie amenant l'eau des vasques de Salomon : eau bonne, mais tiède. La vallée du Tyropéon pénètre dans la ville à la porte Sterquiline. Nous rentrons par cette porte : à l'intérieur, champs de cactus ; à droite, les ruines du Temple et l'arche de Robinson ; à gauche, les hauteurs très sensibles de Sion avec une grande synagogue à toit vert. Après quelques détours dans de très sales ruelles, le grand mur des Juifs, ou mur des Pleurs : masse gigantesque, sublime ! des Juifs prient en se balançant d'avant en arrière, et baisent les pierres énormes. Visite au Muristan, ou hospice des chevaliers de Saint-Jean. Retour par le Saint-Sépulcre. »

Un incident comique se produisit au cours de cette excursion : qu'on me permette de le rapporter. Au moment où nous

Mur des Lamentations à Jérusalem.

traversions la porte Sterquiline, arrivait de l'intérieur de la ville un troupeau de ces petites vaches palestiniennes dont j'ai parlé plus haut. Une d'elles, piquée par je ne sais quelle mouche, se précipite tout à coup sur nous. Mon drogman était devant moi. Avec un héroïsme sans pareil il décampe prestement devant les cornes acérées de sa fougueuse compatriote et me laisse à découvert. Le gardien du troupeau, musulman sans doute, regardait impassiblement, en homme habitué aux

Lieu de l'Ascension.

coups de la fatalité. Si je devais être décousu ce jour-là par une de ses bêtes, c'était écrit ; il n'y changerait rien. Heureusement ce n'était pas écrit. J'avais en main, sans m'en douter, une arme toute puissante : mon parasol vert et ocre pâle. D'instinct je fis le moulinet, au risque de crever mon arme sur les cornes de la petite. Je ne sais si ce fut le vert ou l'ocre, ou ces deux couleurs réunies, tranchant sur mon kéfié blanc et ma barbe noire, qui troublèrent les idées de cette mignonne rageuse, mais le fait est qu'à l'instant elle perdit contenance et s'enfuit à toutes jambes. Mon valeureux drogman revint alors à moi, et pour toute excuse me dit, avec un imperturbable sang-froid : « C'est la première fois que cela m'arrive. » Merci ! encore un peu, grâce à sa poltronnerie, il m'arrivait aussi pour la première fois d'être tout simplement éventré.

Le mardi, 7 août, je partis de bon matin pour le mont des Oliviers. Je voulais voir le soleil se lever sur la ville et dire la messe au Carmel. Le lever du soleil n'eut rien de bien brillant : un reflet rougeâtre anima un instant la cité morne, puis tout retomba dans cette teinte grisâtre et terreuse qui couvre comme un linceul vaporeux le triste plateau de Jérusalem. Au Carmel, je fus reçu par une négresse de la plus belle eau. Cette bonne tourière est en vérité le type achevé de la forte femme noire. Après ma messe, elle m'accompagna jusqu'au lieu de l'Ascension. C'est une misérable mosquée dans la cour de laquelle on montre, sous une petite coupole, l'empreinte du pied gauche de Notre-Seigneur. Je montai ensuite sur la galerie du Minaret, d'où l'on découvre l'âpre chemin de Jéricho, l'emplacement de Béthanie et de Bethphagé, et, à certaines heures, un coin de la mer Morte.

En retournant à Casa-Nova, je frappai à la porte du couvent des Dames de Sion, fondé par le P. Alph. Ratisbonne. Je voulais visiter l'église, au fond de laquelle se trouve le petit arc de l'Ecce Homo; le grand, comme on sait, traverse la rue. Une vénérable religieuse me montra ce que je désirais voir, et, de plus, un autre trésor enfoui dans les caves de cette maison. Je veux parler du Lithostrotos. Le Lithostrotos, en hébreu Gabbatha, était une place de Jérusalem située devant le prétoire et pavée de larges dalles de pierre : de là son nom. Eh bien ! cette place publique, où Jésus-Christ comparut devant Pilate, ce Forum judaïque, a été retrouvé lorsqu'on creusait les fondations du couvent, à une profondeur de deux mètres au-dessous du niveau actuel de la rue. La cave est ainsi devenue un sanctuaire dont les dalles rougeâtres, parfaitement conservées et religieusement entretenues, témoignent avec une éloquence muette de l'exactitude du récit évangélique. C'est ici proprement la première station du Chemin de la Croix.

IV. — Bethléem. — Le mont des Francs. — Retour en Europe.

L me restait à voir la mosquée d'Omar. La mosquée d'Omar est bâtie sur l'emplacement de l'ancien Temple. Elle renferme le fameux rocher qui a tant intrigué et qui intriguera si longtemps encore les plus habiles archéologues. Il y a quelques années à peine, on ne pouvait songer à pénétrer dans ce sanctuaire, absolument fermé aux infidèles. Depuis la guerre d'Orient, les choses sont changées : moyennant une autorisation des consulats et un honnête bakchiche, on peut visiter tout ce que renferme d'intéressant l'antique enceinte du Temple, le Haram-ech-Chérif. Dès mon arrivée à Jérusalem, j'étais allé au consulat français demander cette autorisation, qui m'avait été accordée de la meilleure grâce du monde. Seulement, comme les musulmans célébraient alors les fêtes du Baïram (1), il avait été convenu que je différerais cette visite jusqu'au jeudi suivant.

En attendant, je n'avais rien de mieux à faire que de partir pour Bethléem. Un secret pressentiment m'avertissait de me presser. Qu'un cas de choléra éclate en Syrie, il me faudrait aussitôt reprendre la mer, de peur de ne plus trouver ensuite de bateau à Jaffa. Je voulais être prêt, c'est-à-dire avoir tout vu et bien vu avant la fin de la semaine. Je résolus donc, le mardi soir, d'aller coucher à Bethléem.

Ici se place encore un de ces incidents providentiels dont mon voyage fut rempli. Aller à Bethléem, rien de plus facile ; mais pousser jusqu'au mont des Francs, le *Djebel Fureidis* des Arabes, situé entre Bethléem et la mer Morte, dans un pays infesté de brigands, c'est une autre affaire. Cependant

---

1. Le Baïram est une fête de trois jours qui suit les jeûnes du Ramadan.

je mourais d'envie de pousser jusqu'au mont des Francs, parce que du haut de cette montagne conique, complètement isolée, on jouit d'une vue admirable sur la mer Morte et sur le désert de Judée. Je voulais voir le désert de Judée et la mer Morte en grand, comme j'avais vu, du haut du Thabor, la Galilée tout entière et son lac. De plus, il me paraissait intéressant d'étudier de près ces pittoresques Bédouins, et de visiter quelqu'une de leurs tribus. Mais pour cela, il me fallait

Bethléem.

un guide sûr, prudent et décidé. Ce guide, où le trouver? Personne ne s'aventure volontiers de ce côté, et je ne pouvais songer à prendre une escorte. Mon désir me paraissait donc humainement irréalisable. N'importe ! allons toujours à Bethléem; après, on verra. J'envoie chercher un âne à la porte de Jaffa, et je m'apprête à partir. Au moment où je sortais, le portier de Casa-Nova me dit qu'un Français de Bethléem désire faire route avec moi: je le trouverai au Patriarcat. Qui pouvait-ce être ? Je n'en avais pas la moindre idée. A tout hasard je vais au Patriarcat. Là, je vois venir à moi un jeune homme aux allures pleines de simplicité et de franchise: « Je suis Belge, me dit-il, professeur à l'établissement de Dom Bel-

loni, à Bethléem. Je suis venu pour affaires à Jérusalem ce
matin. Apprenant que vous comptiez aller ce soir à Bethléem,
j'ai demandé à vous accompagner. On ne voit pas des Français tous les jours ...! Et cependant il est si agréable de parler
sa langue maternelle ! »

J'étais ravi : la rencontre ne pouvait être plus heureuse. Cet
excellent jeune homme, parfait causeur, fervent chrétien,
conservait de la vie de soldat qu'il venait de quitter une pétu-
lance et un entrain charmant. Nous nous traitions déjà comme de vieilles connaissances : « Eh bien! lui dis-je, partons-
nous ? — Malheur ! me répond-il, le janissaire du Patriarcat
a ma bride, et voilà trois quarts d'heure que je l'attends.» En
ce moment le janissaire paraît ; il s'empresse et veut passer
la bride. Mais mon compagnon s'en empare, et en un tour
de main la chose est faite : « Que diable ! s'écrie-t-il d'un ton
plaisant, ce n'est pas pour rien qu'on a servi dans la cava-
lerie belge ! »

La soirée était d'une douceur, d'une sérénité délicieuse, le
chemin magnifique. Nous saluons en passant le monastère
de Saint-Élie, Mar Elias, d'où l'on aperçoit d'un côté Jérusalem, de l'autre Bethléem, le tombeau et le berceau ; Tan-
tour, mamelon où Jacob s'établit avec ses troupeaux, à son
retour de Mésopotamie ; le tombeau de Rachel, la fontaine
de David, et quelques autres lieux saints moins authentiques.
Nous marchions côte à côte, M. Armand retenant son cheval,
moi poussant mon âne. La conversation allait bon train.
Comme on pense bien, je n'oubliai pas le mont des Francs :
mon nouvel ami était trop visiblement l'envoyé de la Providence. « Êtes-vous déjà allé au Fureidis? lui demandai-je. —
Certainement, et plus d'une fois. — Est-ce une excursion dan-
geuse ? — Non, pourvu qu'on sache s'y prendre. — Je vou-
drais bien y aller. — Je suis prêt à vous y conduire. —
Quand ? — Demain à midi, si vous voulez. — Entendu! »

Le soleil était couché lorsque j'arrivai au couvent des Franciscains. Je présentai mon billet d'admission, et demandai à

quelle heure je pourrais dire la messe à la Grotte. Voici en
substance ce qu'on me répondit : « Nous ne pouvons dire à
la Grotte que deux messes par jour : l'une, de très grand
matin, à quatre heures au plus tard, avant que les Grecs
n'arrivent ; l'autre, vers six heures, quand il plaît aux Grecs
d'interrompre un instant leurs offices. Descendez donc à six
heures. Vous attendrez le moment favorable, et, dès qu'il
arrivera, faufilez-vous à l'autel et glissez votre humble messe
entre les messes solennelles et tapageuses des Papas.» Telle
est ici la situation de l'Église latine vis-à-vis de l'Église
grecque !

Comment, je vous le demande, comment le séjour de
Jérusalem ne serait-il pas triste et accablant pour les Latins?
Ils se sentent en pays étranger là où ils devraient être chez
eux, esclaves là où ils devraient être honorés et libres,
tolérés à peine dans leur propre maison. S'ils veulent entrer
au Saint-Sépulcre ou à la Crèche, on leur ferme brutalement
la porte au nez ; s'ils se prosternent devant la porte close,
on les laisse attendre à genoux, presque jusqu'au coucher du
soleil, la faveur d'être admis un instant dans ces temples
qu'ils ont bâtis de leur sang et de leurs larmes. Ils ploient
sous le faix de cette excommunication réelle et quotidienne ;
c'est un stigmate imprimé sur leur front, une plaie vive qui
brûle dans leur sein. Eux, les fils des Croisés, on les traite,
au berceau de leur gloire, comme une race avilie, comme un
tronçon d'Église, comme une communion épuisée, mourante,
qu'on peut impunément honnir et dépouiller ! Voilà où nous
en sommes en Terre-Sainte.

Le lendemain de mon arrivée je dis la messe vers six
heures ainsi qu'il avait été convenu. Quel ne fut pas mon
étonnement, en entrant dans la Grotte, de voir debout près
de l'autel un factionnaire turc, la baïonnette au bout du fusil !
Jugez de la dévotion que m'inspirèrent cette figure de Maure
et ces yeux mahométans à deux pas de la coupe sainte !
Toutefois ces mesures de précaution sont devenues néces-

saires à cause des querelles odieuses et des rixes sanglantes
qui ne cessent d'éclater entre les deux Églises pour la possession des saints lieux. Singulière dévotion, qui souille ce
qu'elle prétend honorer ! Fanatisme monstrueux qui, mettant
aux prises les disciples du CHRIST, finit par les livrer au
Turc et les jette pêle-mêle sous le sabre du soldat, sous le
fouet du Pacha !

Ma messe dite, je visitai la grotte de Saint-Jérôme et
celle où sont conservées, dit-on, les reliques des saints Inno-
cents. Puis j'allai à la grotte du Lait. Je crains fort d'avoir
scandalisé le bon Franciscain qui m'accompagnait par mon
peu de zèle à prendre les petites pierres blanches que l'on
distribue dans ce sanctuaire. Une course au Carmel suivit ;
j'y fus parfaitement reçu par messieurs les aumôniers.
prêtres français de Betharam.

Rentré au couvent, j'eus bientôt dîné et fait brider mon
âne. M. Armand ne se fit pas attendre. Il montait un mulet
vigoureux, et amenait avec lui un des petits orphelins de
Dom Belloni. Cet enfant, d'une quinzaine d'années, nommé
Bécharah (Bonne Nouvelle), devait au besoin nous servir
d'interprète, et de plus porter nos rafraîchissements, qui con-
sistaient en une modeste bouteille de vin blanc.

La bourgade de Bethléem est située sur un contre-fort qui
se détache de la chaîne centrale et s'avance à l'est jusqu'au
village de Beth Sahour. La pente méridionale de ce contre-
fort est très escarpée. Nous la descendîmes d'abord ; puis
nous nous dirigeâmes vers le sud-est. Le chemin que nous
suivions était absolument désert. Bientôt nous fûmes rejoints
par un Bethléémite en grand costume national, le fusil en
bandoulière. Il allait chasser, nous dit-il ; mais, de fait, il
s'attacha à nous comme notre ombre. Plus tard je compris
que cet homme, venu je ne sais d'où, avait lui aussi son rôle
providentiel à remplir dans notre excursion.

Vers deux heures, nous touchions au terme ; l'ascension

ne nous prit que peu de temps. Jugez de ma joie quand, en arrivant au sommet, j'aperçus à mes pieds, et presque à portée de ma main, l'immense nappe bleue de la mer Morte. Il est impossible de la mieux voir que je ne la voyais. L'atmosphère, parfaitement pure, nous laissait saisir jusqu'aux moindres détails de ce paysage grandiose. C'était le désert de Judée dans toute son étrange splendeur. De toutes parts, des mamelons calcinés, luisant au soleil comme un métal en fusion ; au nord, la plaine ardente de Jéricho ; puis le mont Nebo et la chaîne arabique bordant à l'est le lac étincelant ; plus près, les rochers d'Engaddi, formidablement sauvages ; enfin, à nos pieds, un océan de sables brûlants, quelques languissants troupeaux, et les sentiers blanchâtres sillonnés nuit et jour par le rapace Bédouin.

La mer Morte.

Ce panorama, le plus étendu, le plus saisissant, le plus biblique de la Palestine méridionale, me fit une impression profonde. Je ne puis le comparer qu'à celui du Thabor, et volontiers j'appellerais ce mont des Francs le Thabor de Judée. Toutefois l'aspect des deux pays offre un absolu contraste. Autant la Galilée me parut souriante, autant ce vaste désert me sembla menaçant. Là, une grâce exquise ; ici, une horreur sublime. Là, une sérénité qui enchante ; ici, l'image des plus effrayantes catastrophes. Là, des sommets verdoyants, de gais villages, de riches moissons ; ici, des lits de lave, des linceuls de pierre, des cratères éteints. On le sent, l'ombre sinistre de Sodome et de Gomorrhe plane encore sur cette solitude, et tout nous y redit le poème des vengeances divines.

Le sol autour de nous était jonché de ruines. Rien d'étonnant, si l'on se souvient qu'Hérode le Grand avait construit sur cette plate-forme circulaire le château qui porta son nom : Hérodion. Hérodion devint forteresse juive, et fut, avec Masada et Machéronte, le dernier refuge des Israélites après la ruine de Jérusalem. Selon la tradition arabe, les croisés, chassés du reste de la Palestine, s'y défendirent quarante ans contre les armées victorieuses du Khalife : de là ce nom glorieux de mont des Francs.

« Et maintenant, me dit M. Armand, voyez-vous ces tentes noires ? C'est un campement de Bédouins, Si vous voulez, nous irons le visiter. — Peut-on s'aventurer par là ? demandai-je. — On le peut, avec précautions. Je n'irais pas seul, mais avec un compagnon, surtout un prêtre, je suis tout disposé à le faire. D'ailleurs, nous aurons soin de ne pas nous attarder et de rentrer à Bethléem avant la nuit. »

Nous descendîmes à pic, tandis que nos bêtes faisaient le tour par le chemin battu. Quand elles nous eurent rejoints, nous remontâmes en selle, et quelques minutes après nous arrivions en vue du campement. Nous envoyâmes alors Bécharah demander en notre nom l'hospitalité au Cheik. Celui-ci nous fit répondre que nous pouvions venir. Nous le trouvâmes qui nous attendait, debout sous sa tente. C'était un homme d'une soixantaine d'années, à l'air doux mais peu intelligent. On apporta aussitôt des tapis, sur lesquels nous nous assîmes à l'orientale ; le Cheik lui-même en roula un pour nous servir de coussin.

Pendant ce temps j'avais examiné l'intérieur du campement. Il y avait une quarantaine de tentes, formant un long rectangle sur une pente presque insensible. Celle du Cheik, placée à l'endroit le plus élevé, les dominait toutes. Au milieu de l'enclos se trouvaient les chameaux et les ânes, attachés à des piquets. Quant aux hommes de la tribu, déjà ils étaient groupés en demi-cercle devant nous. Les enfants foisonnaient ; aussi habiles que leurs petits camarades d'Europe à se frayer un passage au milieu de la foule, ils tenaient le premier rang ; quelques-uns même, couchés à plat ventre, étaient parvenus à faire émerger leur tête presque sur mes genoux. Je distinguai parmi eux plusieurs physionomies d'un type remarquablement doux et régulier (1).

Tous ces braves Bédouins nous regardaient bouche béante. De temps à autre ils se communiquaient leurs impressions, mais toujours en fort peu de mots et avec une parfaite gravité. L'un d'eux cependant faisait exception ; accroupi près de moi, il se livrait à des accès de gaîté enfantine. Mon parasol surtout l'intéressait au plus haut point. Il l'ouvrit avec précaution, le regarda bien, puis le montra aux autres, découvrant ses longues dents blanches et poussant de petites exclamations gutturales qui semblaient dire : « Quel dommage que l'heure ne soit pas plus avancée ! Il serait si facile, au clair de lune, de s'annexer ces gentils bibelots en supprimant leur propriétaire ! »

M. Armand ne se gênait pas pour faire ses réflexions, souvent très amusantes ; quant à moi, j'étais aussi à l'aise que dans ma chambre. Nous fîmes une distribution de tabac et de papier à cigarettes ; puis vint un moment solennel. Mon compagnon proposa à nos hôtes de boire du raki, c'est-à-dire de l'eau-de-vie ; c'était leur proposer de commettre un péché mortel contre la loi du Prophète. Il y eut un moment de silence. Plusieurs regardèrent le Cheik, qui resta impassible. Enfin l'un d'eux, mon voisin aux longues dents blanches, se décida. Le malheureux tendit résolument la main

---

1. Citons, à propos du type arabe, ces remarques de Chateaubriand : « Les Arabes, partout où je les ai vus, en Judée, en Égypte, et même en Barbarie, m'ont paru d'une taille plutôt grande que petite. Leur démarche est fière. Ils sont bien faits et légers. Ils ont la tête ovale, le front haut et arqué, le nez aquilin, les yeux grands et coupés en amandes, le regard humide et singulièrement doux. Rien n'annoncerait chez eux le sauvage s'ils avaient toujours la bouche fermée ; mais aussitôt qu'ils viennent à parler, on entend une langue bruyante et fortement aspirée ; on aperçoit de longues dents éblouissantes de blancheur, comme celles des chacals et des onces : différents en cela du sauvage américain, dont la férocité est dans le regard, et l'expression humaine dans la bouche.— *Itinéraire de Paris à Jérusalem*, 3ᵉ partie, mer Morte.

vers la fatale bouteille ; il but! O cruauté du sort ! Ce fameux
raki pour lequel il sacrifiait son âme n'était autre que notre
petit vin blanc tourné en vinaigre par suite de la course et
de la chaleur. Tous les regards s'étaient fixés sur lui ; les
enfants surtout suivaient ses mouvements d'un œil de convoitise. Forcé de faire contre mauvaise fortune bon cœur, le
pauvre homme dissimula une grimace et passa la bouteille à
un second, qui but également sans rien laisser paraître. Enfin
un troisième, ayant trempé ses lèvres à la coupe amère, décou-
vrit la supercherie. J'avais peur qu'il ne prit mal la chose ;
mais il se contenta de dire : « C'est mauvais ! » et l'affaire
en resta là.

Le Cheik alors nous offrit le café ; nous acceptâmes. Le
feu pétilla bientôt devant nous. On apporta deux pierres sur
lesquelles on plaça la marmite, et le Cheik en personne fit
griller le café ; puis il le broya dans un mortier avec un magnifique pilon de porphyre, et le jeta dans l'eau bouillante.
Sans séparer le marc, on s'apprêta à servir. La tribu possé-
dait deux tasses de porcelaine, assez grossières, il est vrai,
mais propres et convenables. Le Cheik les tira, non sans
quelque solennité, d'un sachet de cuir où elles dormaient en
paix depuis de longs jours, à en juger par la couche de poussière qui les couvrait ; il les essuya, les remplit, et nous les
présenta. Pas de sucre, bien entendu ; jamais en Orient le
nectar arabique n'est profané par cet alliage qui lui enlève,
parait-il, une partie de son arôme.

Après le café, nous demandâmes à visiter le campement.
Le Cheik y consentit et nous accompagna lui-même. Les
femmes travaillaient sous les tentes. La première que nous
vimes était occupée à moudre du grain. Elle se servait, pour
cette opération, de la meule patriarcale plus d'une fois men-
tionnée dans la Bible. Cette meule se compose de deux dis-
ques de pierre superposés. On fait tourner l'un sur l'autre, le
grain est entre deux.

Plus loin, une autre femme fabriquait une étoffe de poil de

chameau. Son appareil était on ne peut plus primitif. Deux
rangs de piquets fichés en terre maintenaient une quinzaine
de gros fils noirs tendus comme les cordes d'une harpe.
L'ouvrière, accroupie et armée d'une espèce de navette, faisait passer un à un les fils transversaux, qu'elle serrait ensuite
vigoureusement avec un crochet en bois. Elle ne pouvait
comprendre notre curiosité, et riait de bon cœur de nous voir
si attentifs à son modeste travail.

Tout le camp était en mouvement, et je crois que si j'avais
été seul, je me serais oublié dans cette si intéressante visite.
Mais M. Armand veillait : « Le soleil commence à baisser, me
dit-il tranquillement en roulant une cigarette, il faut nous en
aller. Si nous tardions, ces drôles, qui nous font maintenant
si bonne figure, seraient capables de nous dévaliser comme
au coin d'un bois. » Nous nous disposâmes donc à partir.
Lorsque tout fut prêt, le Cheik et une partie des hommes
de la tribu vinrent nous reconduire jusqu'à l'entrée du camp,
où les chiens nous saluèrent de leurs aboiements féroces.

Nous nous étions un peu écartés du chemin par lequel
nous étions venus ; il nous fallut, au retour, en prendre un
autre, et traverser le village mal famé de Beth-Tamir. Là,
notre situation devint un instant critique. Les enfants de ce
village, sauvages et hideux, après nous avoir menacés de loin,
se mirent résolument en marche sur nous. On eût dit une
bande de chacals affamés. Quelques hommes commençaient
à s'en mêler aussi et déjà de grosses pierres tombaient autour
de nous, comme les premières gouttes d'une pluie d'orage. Je
ne sais trop comment aurait fini cette aventure si nous
n'avions eu notre providentiel gardien, l'inconnu dont j'ai
parlé plus haut. Ce vertueux Bethléémite coucha en joue
tous ces petits moricauds, et la bande pillarde, sachant très
bien que ce n'était point une plaisanterie, se mit après
quelque hésitation à battre en retraite, mais lentement et en
bon ordre.

Le soleil était couché lorsque nous rentrâmes à Bethléem.

Arrivés sur la place du couvent, nous nous serrâmes la main, sans descendre de nos bêtes, et je quittai M. Armand, en lui exprimant encore une fois ma gratitude pour le service signalé qu'il m'avait rendu.

Le lendemain, de bonne heure, je partis sans avertir personne ; après une chevauchée matinale des plus agréables, je me retrouvais à Jérusalem.

Nous étions au jeudi 9 août. C'était le jour où je devais visiter l'enceinte du Temple, le Haram-ech-Chérif. Il avait été convenu au consulat français qu'on m'enverrait dans l'après-midi un kawas (1) ou janissaire, pour m'accompagner dans cette visite. Ce ne fut donc pas sans étonnement que je trouvai ce représentant de l'autorité, en grande tenue, m'attendant dès huit heures à Casa-Nova. Je croyais à un malentendu, lorsque, descendant à ma rencontre, le Père Directeur m'annonce ces graves nouvelles : « Le choléra est à Beyrouth, le bateau français, peut-être le dernier de longtemps, arrive demain à Jaffa. » Je n'avais pas à hésiter ; sous peine de rester indéfiniment à Jérusalem, je devais partir pour Jaffa le soir même. Alors je compris pourquoi la Providence m'envoyait ce kawas auquel personne n'avait dit de venir à cette heure. Si, suivant ses instructions, il ne s'était présenté que dans l'après-midi, je manquais ma visite du Haram, comme on crut au consulat que je l'avais manquée ; tandis que, dans la matinée, je pouvais la faire à loisir.

Nous partîmes aussitôt. Chemin faisant nous nous arrêtâmes dans un poste turc. L'officier de service vérifia mon teskéré (2), et nous adjoignit un soldat. Suivi de mon escorte militaire, je mis alors le pied sur ce sol, le plus vénérable et le plus fameux de l'univers (3). Le fils du Cheik de la mos-

---

1. Sorte de gendarmes indigènes attachés à tous les consulats.
2. Laisser-passer officiel, délivré soit par les consulats, soit par les ministères.
3. Dimensions du Haram, ou enceinte du temple de Salomon, d'après M. de Saulcy : face orientale, 384 mètres ; face méridionale, 225 mètres. Les deux autres faces ont un développement plus grand encore.

quée d'Omar, coiffé de l'élégant turban vert des Hadjis (1),
vint me recevoir et me servit de guide. Je visitai d'abord la
mosquée d'Omar et son Sakrah, mystérieux rocher encadré
sous la coupole, pierre suspendue dans les airs, au diré des
musulmans. Nous descendimes dans la grotte creusée sous
ce rocher : mon guide frappa sur les parois en répétant le
mot anglais : Hollow ! qui signifie creux, vide. En effet, le
son prouve qu'il y a là des cavités souterraines et que l'intérieur du Moria est en partie évidé. Qu'était-ce que ces cavités ? Des citernes sans doute où l'on conservait l'eau pour le
service du Temple. Mais n'entrons point dans cette question
d'archéologie. Après la mosquée d'Omar, je visitai El-Aksa,
les substructions du Temple, la porte Dorée, en un mot,
tout ce que le Haram-ech-Chérif renferme d'intéressant, et
couronnai ainsi dignement la série de mes courses bibliques.

Je n'avais plus rien à voir à Jérusalem. Je me rendis au
consulat français pour mettre en règle mes papiers de voyage,
puis au Saint-Sépulcre pour prendre congé. Il était trois
heures : les Grecs n'avaient pas encore ouvert la porte. Je
m'agenouillai dehors, et après une dernière prière, je baisai
le pavé et m'éloignai le cœur gros et la rougeur au front.

Le lendemain matin, j'étais à Jaffa. Au moment même où
notre carrozza entrait en ville, le bateau français la « Seyne »
arrivait en rade. Nous sûmes aussitôt qu'il ne repartirait que
le lundi suivant. Nous avions donc trois jours pour nous
reposer dans nos tranquilles cellules franciscaines, au bord
de la grande mer de Syrie, au bruit des vagues qui se brisaient sous nos fenêtres. On ne pouvait être mieux, ni plus
poétiquement installé : aussi ces dernières heures de mon
séjour en Palestine me parurent-elles bien courtes.

Le lundi 13 août, dans l'après-midi, je montai à bord. Mon
pèlerinage était fini. Il avait duré seize jours pleins, dont six
passés en Galilée, dix en Judée. Je ne pouvais que bénir
Dieu de me l'avoir accordé si beau et si complet.

---

1. Les Hadjis, ou pèlerins de la Mecque, ont seuls avec les émirs le droit de
porter le turban vert.

Vers cinq heures, la «Seyne» levait l'ancre. Nous passâmes toute la journée du lendemain en panne, vis-à-vis de Beyrouth, sans aucune communication avec la ville, de peur de nous contaminer. Mais cette précaution ne nous servit de rien. Quoique nous eussions patente nette et libre pratique, on ne voulut point nous recevoir à Smyrne, et nous fûmes envoyés au lazaret de Clazomène. Là, j'appris qu'une quarantaine de vingt-cinq jours me barrait le chemin de Constantinople. Que faire ? Il ne me restait qu'une ressource ; me rabattre sur Marseille. J'écrivis à Monseigneur Timoni, le priant de faire certaines démarches qui devaient me rendre ce projet facile et peu coûteux, et je repris allègrement ma course à travers les flots bleus de la Méditerranée.

De Marseille, où nous arrivâmes le 29 août, je comptais retourner aussitôt à Constantinople. Mais, encore une fois, l'homme propose et DIEU dispose! A peine débarqué, je reçus l'ordre de me rendre en Pologne. Rassurez-vous, cher lecteur: ce n'est point un nouveau récit qui commence. Toutefois, jetez les yeux sur la carte, et voyez quel itinéraire s'imposait à moi ! Quelle ravissante promenade à travers l'Europe ! Nice, Gênes, Milan, Venise, Vienne, Cracovie ; puis, toujours en vue des Carpathes ou longeant le Dniester, Lemberg et Tarnopol !

La Providence voulait-elle par une dernière faveur couronner ce pèlerinage béni ? Mon cœur reconnaissant incline à le croire ; nul, je pense, n'osera m'en blâmer.

Parti de Constantinople le 18 juillet, j'arrivais enfin à mon nouveau poste le 14 septembre, après un voyage de deux mille lieues, le plus beau, le plus heureux qui se puisse voir. *Laus Deo !*

TABLE DES MATIÈRES.